아들아! 밧줄을 잡아라 1

아들아! 밧줄을 잡아라 1

초판 1쇄 인쇄일_2013년 05월 15일
초판 1쇄 발행일_2013년 05월 22일

글_김영식
사진_김지수
펴낸이_최길주

펴낸곳_도서출판 BG북갤러리
등록일자_2003년 11월 5일(제318-2003-00130호)
주소_서울시 영등포구 여의도동 14-5 아크로폴리스 406호
전화_02)761-7005(代) | 팩스_02)761-7995
홈페이지_http://www.bookgallery.co.kr
E-mail_cgjpower@hanmail.net

ISBN 978-89-6495-051-7 04980
ISBN 978-89-6495-050-0 (세트)

이 도서의 국립중앙도서관 출판시도서목록(CIP)은 e-CIP홈페이지
(http://www.nl.go.kr/ecip)와 국가자료공동목록시스템(http://www.nl.go.kr/kolisnet)에서 이용
하실 수 있습니다.(CIP제어번호 : CIP2013005963)

2004~2012, 마태오·다니엘 부자의 백두대간 종주기

아들아! 밧줄을 잡아라 ①

글 김영식·사진 김지수

북갤러리

"아들은 아빠가 강하게 키워야 해"

지난겨울 자주 아팠다.

눈병이 났고 감기몸살을 달고 살았다.

육신은 고통으로 뒤채며 헉헉거렸다. 육신의 고통은 성찰의 시간이었다.

두문불출하며 백두대간에 바쳤던 땀과 눈물의 시간을 되돌아보았다.

백두대간 종주는 우연하게 다가왔다.

그동안 먹고사는 일에 코박고 살았던 나에게 자식교육은 아내 몫이었다.

사춘기에 입문한 아들은, 학교와 학원을 다람쥐 쳇바퀴 돌 듯 오가며 부모로부터 점점 멀어져 갔다.

아내가 말했다.

"당신도 산만 다니지 말고 지수 좀 어떻게 해봐요. 지수가 요즘 말도 안 듣고 자꾸 대들고 그래요."

아들과는 말이 통하지 않았다. 만날 시간도 없었고 어쩌다 한 번 마주치면 소 닭 보듯 데면데면했다. 대화가 없으니 소통이 될 리 없었다.

그나마 어쩌다 한 번씩 보여주는 학교 성적표가 아들의 성장을 가늠할 수 있는 유일한 잣대였다.

가족을 생각했다.

가족은 세상 모든 아버지들의 존재 이유이자 최후의 보루다.

가족이 하나 될 수 있는 무엇을 고민했다. 특히 아들과 함께 있는 시간이 필요했다.

아내가 말했다.

"아들은 아빠가 강하게 키워야 해."

"그러면 지수하고 백두대간 한 번 해볼까?"

"나야 좋지만 지수가 따라가려고 그럴까?"

2004년 9월 어느 날.

당시 중 2였던 아들을 꼬셨다.

아들은 산에 가면 토요일 수업에 빠져도 된다고 뛸 듯이 좋아했다.

그러나 그것은 큰 오산이었다. 그냥 한두 번 갔다 오면 되겠거니 했던 것이, 장장 8년이나 걸릴지 누가 알았겠는가.

이 산행기는 착한 아들과 독한 아빠(?)가 2004년 9월부터 2012년 5월까지 총 33회에 걸쳐 백두대간 품속에서 울고 웃으며 손잡고 함께 걸었던 도전과 성취, 기쁨과 고통, 갈등과 화해의 진솔한 흔적이다.

아들은 갈 때마다 힘들어했다.

아들은 "아빠가 산에 미쳤다"고 했다.

백두대간은 고해실(告解室)이자 인생상담 학교였다.

아들은 고민을 털어놓고 아픈 상처를 보여주었다.

우리는 백두대간 마루금에 나란히 누워 밤하늘의 별자리를 헤아렸고, 바람소리를 들으며 잠들었다.

나는 아들에게 친구 같은 아빠로 변해갔다.

아들도 산행에 바친 시간과 더불어 성장했다.

소통은 저절로 되었고, 약한 몸도 튼튼해졌다.

우리는 산행을 마칠 때마다 포옹과 악수를 나눴다. 포옹과 악수는 위로와 격려의 백두대간 언어였다.

백두대간 종주는 아내와 딸의 헌신적인 후원과 격려, 그리고 백두대간을 오가며 만났던 수많은 민초들의 따뜻한 도움이 없었더라면 결코 해내지 못했을 것이다.

나는 "누가 당신이 죽기 전에 가장 행복했던 기억 한 가지만 가지고 간다면?"이라고 묻는다면, 주저 없이 "아들과 함께 했던 백두대간 산행"이라고 말하겠다.

자식은 부모의 거울이다.

통일이 되면 아들이 아들의 아들과 함께 금강산에서 백두산까지 북한 땅 백두대간을 계속 이어갈 수 있기를 소망한다.

이 보잘것없는 산행기가 힘든 시대를 살아가는 이 땅의 수많은 아버지들에게 작은 위안이 되었으면 좋겠다.

2013년 3월
김영식

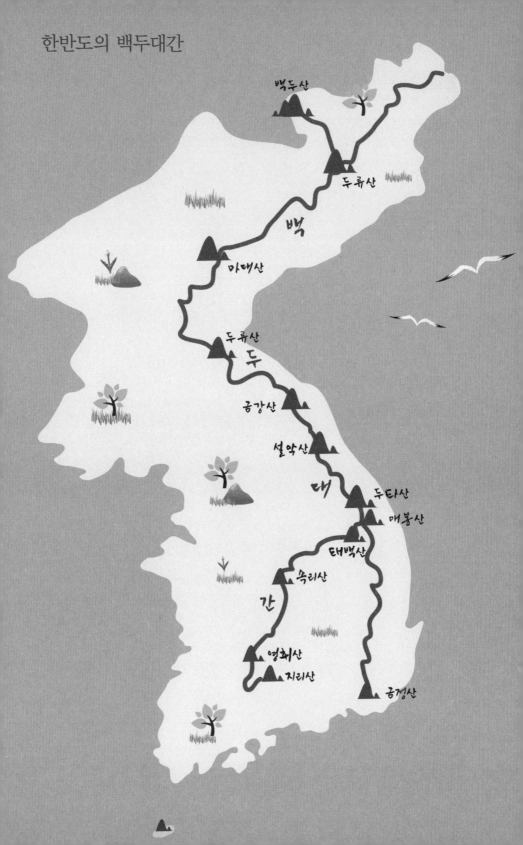

한반도의 백두대간

백두산

두류산

백

마대산

두류산

두

금강산

설악산

대

두타산

매봉산

태백산

속리산

간

영취산

지리산

금정산

Step 하나. 시작이 반이다

Step 둘. 세상에 공짜 없다

Step 셋. 너는 이제 진짜배기 대간꾼이다

백두대간 종주 산행기록 (2004년~2012년)

(단위 : km, 시간)

구간	산행구간	도상 거리	소요 시간	산행일자	아들 학년
1	중산리 ~ 지리산 천왕봉 ~ 벽소령 ~ 노고단 ~ 성삼재	25.5	20:00	2004. 10. 09. ~ 10. 11.	중 2
2	성삼재 ~ 정령치 ~ 여원재	18.15	09:45	2004. 11. 06. ~ 11. 07.	중 2
3	여원재 ~ 치재 ~ 중재	30	17:30	2005. 03. 26. ~ 03. 27.	중 3
4	중재 ~ 영취산 ~ 육십령	22	10:10	2005. 05. 21. ~ 05. 22.	중 3
5	육십령 ~ 남덕유산 ~ 월성재 ~ 동엽령 ~ 빼재 ~ 소사고개	60	26:00	2005. 07. 23. ~ 07. 25.	중 3
6	소사고개 ~ 부항령 ~ 우두령	40	23:20	2005. 10. 15. ~ 10. 16.	중 3
7	우두령 ~ 황악산 ~ 추풍령	24	13:30	2006. 02. 17. ~ 02. 18.	중 3
8	추풍령 ~ 작점고개 ~ 큰재	20	09:40	2006. 04. 08. ~ 04. 09.	고 1
9	큰재 ~ 신의터재 ~ 화령재	34	16:15	2006. 06. 09. ~ 06. 10.	고 1
10	화령재 ~ 비재 ~ 갈령	15	08:00	2006. 07. 30.	고 1
11	갈령 ~ 속리산 문장대 ~ 밤티재	18	12:00	2006. 08. 15	고 1
12	밤티재 ~ 밀재 ~대야산 ~ 버리미기재	17.4	16:00	2006. 10. 03 ~ 10. 04.	고 1
13	버리미기재 ~ 구왕봉 ~ 은티마을	15	08:00	2006. 11. 25.	고 1
14	은티마을 ~희양산 ~ 이화령	20	12:00	2007. 02. 04.	고 1
15	이화령 ~ 조령산 ~ 문경3관문 ~ 하늘재	18	11:20	2007. 02. 25.	고 1
16	하늘재 ~ 포암산 ~ 대미산 ~ 차갓재	20	10:00	2007. 06. 05.	고 2
17	차갓재 ~ 황장산 ~벌재 ~ 저수재	15	09:00	2007. 07. 07.	고 2

구간	산행구간	도상거리	소요시간	산행일자	아들학년
18	저수재 ~ 도솔봉 ~ 죽령	25	11:35	2007. 08. 06.	고 2
19	죽령 ~ 소백산 비로봉 ~ 고치령	24	09:05	2007. 10. 13.	고 2
20	고치령 ~ 미내치 ~마구령	8	04:20	2008. 02. 09.	고 2
21	마구령 ~ 박달령 ~ 도래기재	23.5	08:05	2008. 04. 05.	고 3
22	도래기재 ~ 태백산 ~ 화방재	26.5	10:20	2008. 05. 11.	고 3
23	화방재 ~ 함백산 ~ 피재	21	09:45	2008. 08. 01.	고 3
24	피재 ~ 덕항산 ~ 댓재	26	11:00	2008. 09. 13.	고 3
25	댓재 ~ 두타산 ~ 청옥산 이기령 ~ 백복령	26	13:00	2008. 11. 22. ~ 11. 23.	고 3
26	백복령~ 석병산 ~ 삽당령	18	09:10	2009. 05. 17.	대 1
27	삽당령 ~ 닭목재 ~ 대관령	26	11:00	2009. 06. 06.	대 1
28	대관령 ~ 노인봉 ~ 진고개	25	10:00	2009. 08. 06.	대 1
29	진고개 ~ 구룡령 ~조침령	48	23:00	2009. 08. 14. ~ 08. 15.	대 1
30	조침령 ~ 점봉산 ~ 한계령	21	11:00	2009. 09. 12.	대 1
31	한계령 ~ 대청봉 ~ 희운각	8.5	06:15	2010. 11. 03.	군 휴가
32	희운각 ~ 공룡능선 ~마등령 오세암~ 마등령 ~미시령	20	12:30	2011. 10. 17. ~ 10. 18.	군 휴가
33	미시령 ~ 진부령	18	08:10	2012. 05. 20.	대 2

Step 하나.
시작이 반이다

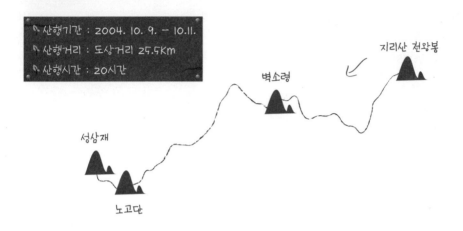

1코스 지리산 천왕봉 ~ 벽소령 ~ 노고단 ~ 성삼재

- 산행기간 : 2004. 10. 9. ~ 10.11.
- 산행거리 : 도상거리 25.5km
- 산행시간 : 20시간

산보다 공부가 쉽다!

"2.7km가 이렇게 멀어? 이제는 발가락이 아파."
"세석산장 가서 발 벗고 있으면 괜찮아질 거야."
"이럴 때 보면 차라리 공부하는 게 더 나아. 글공부도 어렵고 산 공부도 어렵다."
"세상에 쉬운 일은 하나도 없다."

아들 이름은 김지수. 올해 15살, 중학교 2학년이다. 초등학교 4학년 때까지
만 해도 무릎에 앉아서 TV를 보곤 했다. 그런데 언제부터인가 데면데면하고,
별것 아닌 일에도 자주 신경질을 부린다. 바야흐로 아들의 사춘기가 시작되
었다.

"야! 너, 백두대간 한 번 해볼래?"
"응! 한 번 해보지 뭐."
"야 인마, 백두대간 장난 아니야."
"괜찮아, 걱정하지 마."

대답이 너무 쉽다. 아들이 아빠를 걱정한다. 원래 뭘 모르면 용감하다.

백두대간 1차 종주는 속도전이었다. 목표를 정하고 뛰다시피 걸었다.
1년을 쉬자 다시 산이 그리워졌다. 아들과 소통하는 시간도 필요했다.

산행계획을 알리자 많은 분들이 격려해 주었다.
"나중에 대간 한 번 같이 뛰어줄게."
"토요일은 현장학습으로 처리하면 됩니다."
"저도 결혼해서 아들을 낳으면 선배님처럼 '백두대간 부자 종주'에 한 번
도전해보고 싶습니다."

10월 9일 정오.
백두대간 출발지인 지리산 중산리로 향했다. 침낭과 코펠, 버너를 넣은 배
낭이 묵직하다.
"아빠, 배낭 안 무거워?"
"안 무겁다."
"진짜로?"

진주에는 '남강 유등축제'가 한창이다.
단성과 덕산을 지나자 중산리다. 지리산 수련원이 한눈에 들어온다.
"아빠, 저기 자는 데 공짜야?"
"그래, 공짜다."
"야! 대단하다."

다음날 새벽 5시 반.
천왕봉을 향해 출발이다.
"아빠, 심장이 벌떡벌떡해."
"야, 매일 인터넷 게임만 하다가 산에 오니 심장이 놀라서 그렇지."
"신발이 자꾸 발에 걸려."
"신발과 발이 처음 만나서 다투느라고 그런다."

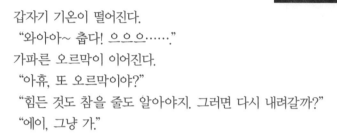

"이 정도면 치악산은 쉽게 오를 수 있겠다."
"까불지 마라. 만만한 산은 없다."

아침 8시.
로타리 산장이다.
아들이 '디카'를 꺼내든다.

갑자기 기온이 떨어진다.
"와아아~ 춥다! 으으으……."
가파른 오르막이 이어진다.
"아휴, 또 오르막이야?"
"힘든 것도 참을 줄도 알아야지. 그러면 다시 내려갈까?"
"에이, 그냥 가."

천왕봉이다.
산 첩첩 구름 첩첩 지리산이다.
산은 바다요, 산봉우리는 섬이다.
"야, 천왕봉 짱이다."
"야, 정말 멋있다."
"아빠, 나 여기 못 올 줄 알았어."
표지석 앞이다.
'한국인의 기상 여기서 발원되다.'
아들이 두 팔을 벌려서 새 포즈를 취한다.
새가 되어 지리산 상공을 훨훨 날고 싶은 게다.

아들이 엄마한테 전화를 한다.
"엄마, 나 지수. 여기 지리산 천왕봉이야."
"우리 아들 대단하다. 힘내라, 지수야!"
"엄마, 정말 너무 멋있어."
"그래도 안 다치게 조심하고."

"알았어, 걱정하지 마."

영광의 순간은 잠깐이요, 가야 할 길이 멀다.
"지수야, 정상에는 오래 서 있지 못한다. 바람이 많이 불고 몹시 춥기 때문이다. 정상에 있는 나무들은 다들 키가 작다. 정상 주변에서 살아남기 위해서는 키를 낮추고 뿌리를 깊이 내려야 한다. 나무나 사람이나 마찬가지다."
"나는 아빠가 도대체 무슨 말을 하는지 잘 모르겠어."
"앞으로 살다보면 조금씩 알게 된다."

오전 10시 30분.
장터목이다.
"아빠, 뭐 좀 먹을 거 없어?"
아들은 빵과 연양갱을 좋아한다.
아내는 아들이 좋아하는 것만 챙겼다. 아내의 아들 사랑은 무조건이다.

다시 촛대봉을 향해 출발이다.
아들이 뒤처지기 시작한다. 이럴 땐 모른 척하는 게 상책이다.
"아빠, 나 고추가 아파."
"나도 아프다. 고추에 땀이 나서 그래. 조금 있으면 괜찮아질 거야. 야, 어떻게 고추도 같이 아프냐? 누가 부자지간 아니랄까봐서. 역시 피는 못 속인다."

40대 등산객이 다가온다.
"너는 아빠가 부럽겠다. 백두대간 종주한 사람은 1%도 안 돼. 아빠 따라서 끝까지 완주하거라."

연하봉 가는 길.
돌길 반, 흙길 반이다.
"이제 배낭은 괜찮은데 다리가 아파."

"나도 무릎이 아프다."
"에이, 이제부터는 아프단 말도 못하겠네."

오전 11시 30분.
연하봉(1,667m)을 지난다.
"어, 봉우리도 아닌데 봉우리라고 그래. 그런데 산하고 봉하고는 어떻게 달라?"
"산은 가족이고 봉은 식구다."

촛대봉 가는 길.
돌길 투성이다.
오른쪽 무릎이 따끔거린다. 물파스를 꺼내서 무릎과 발목에 바른다.
지나가는 등산객이 아들 앞에 섰다.
"야, 너 지금 어디서 오는 길이냐?"
"천왕봉에서요. 저는 백두대간 하는데요."
"아! 그래, 야 진짜 멋있다."
아들은 어른들의 칭찬에 으쓱 한다. 칭찬은 마취제요, 원기소다.
아들은 한동안 징징대지 않고 조용히 따라온다.
"2.7km가 이렇게 멀어? 이제는 발가락이 아파."
"세석산장 가서 발 벗고 있으면 괜찮아질 거야."
"이럴 때 보면 차라리 공부하는 게 더 나아."
"글공부도 어렵고 산 공부도 어렵다. 세상에 쉬운 일은 하나도 없다."

촛대봉 나무계단이다.
숨이 턱까지 닿는다.
'아! 배낭만 없으면 막 뛰어가겠는데……'

낮 12시 20분.
촛대봉(1,703.7m)이다.
천왕봉과 반야봉, 노고단이 한눈에 들어온다.

세석산장이 한 폭의 수채화다. 백두대간 최고의 국립호텔이다.

낮 12시 40분.
세석평전이다.
"이곳은 신라시대에는 화랑도들이 무예를 연마하던 곳이고, 일제시대에는 의병들이, 6·25 때는 빨치산이 활동하던 곳이다."
"아! 세속오계."
"야, 세속오계가 뭐냐?"
"국사책에 나와. 전번에 시험에 나왔는데."

샘터에서 물을 떠서 라면을 끓였다.
아들은 배가 고픈지 계속 뚜껑을 여닫는다.
라면이 익자 누가 먼저랄 것도 없이 후루룩 후루룩……
반찬은 고추장과 김치다. 아침에 먹다 남은 밥까지 말아서 깨끗하게 비운다.
"아빠, 이제 살 것 같아."

오후 2시.
영신봉(1,651.9m)이다. 아무런 표지 없이 봉만 덜렁하다.
나무계단 내리막이다.
"아빠, 계단이 172개네."
"이제 좀 살만한가 보네."
"저 봉우리를 어떻게 넘었는지 모르겠어. 쉬지 않고 가면 새벽 2시면 노고단에 도착할 수 있을까?"
"그러면 쉬지 않고 갈까?"
"안 돼, 그래도 벽소령에서 자야지."

오후 2시 25분.
칠선봉(1,576m)을 지난다.
산림청 헬기가 천왕봉과 세석평전 사이를 왔다 갔다 한다.
"아빠, 저거 타면 꽁짜야?"

"아니야. 돈 많이 내야 돼."

"그러면 돈 없는 사람이 산에 와서 갑자기 아프면 어떻게 해?"

"야 인마, 너는 아빠가 좀 아는 것 좀 불어봐라. 나중에 산림청에 물어보고 가르쳐줄게."

천왕봉 ~ 장터목 ~ 세석평전으로 이어지는 능선이 압권이다

오후 3시.

갑자기 날이 컴컴해지면서 비바람이 몰아친다.

오가는 사람들이 비옷을 꺼내 입느라 분주하다.

"야, 저거는 지나가는 비야. 비옷 안 입어도 돼."

"우리는 비옷 안 가져 왔잖아."

"야, 너가 인터넷으로 알아보고 오늘 비 안온다고 그랬잖아."
"어쩔 수 없지 뭐. 그냥 비 좀 맞고 가면되지 뭐."
이럴 때 보면 애들이 어른보다 낫다.

오후 4시 10분.
마천, 음정 삼거리를 지난다.
비가 쏟아지기 시작한다. 비를 맞으며 말없이 걷는다.

해가 나기 시작한다.
산은 온통 단풍으로 불탄다.
"야, 우리 좀 앉았다가 가자."
산 풍광에 흠뻑 빠져든다.
"야, 저기 단풍 좀 봐라. 정말 멋있다."
"단풍든 지리산 모습 오래도록 기억해라."

주변이 시끄럽다.
"야, 단풍 직이네, 직여. 야, 미치겠네. 진짜 너무 멋있다."
"우리도 앉아서 구경 좀 하고 가자."

"뭘라꼬 그리 빨리 가냐?"

오후 4시 40분.
벽소령 대피소다.
빨치산의 대부 김현상이 활동하다 죽어간 빗점골이 산 밑이다. 해방공간 좌우익 대결의 틈바구니에서 죽고 죽이며, 쓰러져간 젊은이들의 주검이 지리산 곳곳에 잠들어 있다.
"구천을 맴도는 영령들이여! 부디 영면하소서."

비가 그치자 무지개가 떴다.
아들이 사진기를 꺼내들었다.
"야! 무지개다."
찰칵!
"무지개는 어린이 눈에 먼저 보인데. 초등학교 때 선생님이 말씀하셨어."

오후 5시.
벽소령 대피소 입실이 시작된다.
매트리스를 깔고 오리털 침낭을 폈다.
"야, 좋다. 아빠, 이제 푹 쉬어도 되지?"
"아, 그럼."

오후 6시.
샘터에서 물을 떠서 쌀을 안쳤다.
밥 끓는 소리가 나면서 밥물이 넘친다. 밥 냄새가 퍼져나간다.
아들이 뚜껑을 열었다 닫았다 한다.
"야, 오늘 그러다가 생쌀 먹겠다. 뚜껑 위에 큰 돌 좀 올려놔라. 그리고 배고프더라도 좀 참아라."
밥 익는 냄새가 나자 침이 꼴깍꼴깍.
국은 육개장, 반찬은 김, 김치, 고추장이다.
먹는 데는 아버지와 아들이 따로 없다.

마파람에 게눈 감추듯이 금방 싹싹 긁어 먹고 누룽지를 끓였다.
옆에 있는 사람들이 부러운지 계속 쳐다본다.
누룽지 국을 나눴다.
"으메! 좋은 거. 너무 맛있어요."
"선생은 복 받을 거요."
누룽지 한 사발에 복이 오간다.

저녁 7시.
대피소 마룻바닥이다.
"야, 너 으디서 왔냐?"
"강원도 원주에서요."
"너는 아빠 따라다니면서 인생 공부 많이 배우겠다. 그까짓 공부 좀 못하
면 어떠냐. 이것이 바로 인생 업그레이드라는 것이여, 알긋냐? 나도 우리 애새
끼 델고 다니는 것인데, 때를 놓쳐부렀당게. 지금 후회가 돼 죽것다."

저녁 9시.
무조건 소등이다.
모두들 일찍 잠자리에 든다.
젊은이 두 명이 큰 소리로 떠든다.
"어이! 거그, 좀 조용히 합시다."
젊은이들이 계속 큰소리로 떠든다.
"어이! 거그, 진짜 너무하는 거 아니요?"
순간 전운이 감돌다가 곧이어 코고는 소리가 들린다.

눈은 감았는데 잠은 오지 않고 엎치락뒤치락이다.
"아빠, 몇 시야?"
"1시다. 좀 더 자라."
"잠이 안 오는데 조금 일찍 가면 안 돼?"
"좀 더 자라."
"잠이 안 와."

"그러면 일어나라."

새벽 1시 30분.
한기가 돌면서 몸이 으스스하다.
잠바를 꺼내 입고 배낭을 꾸렸다. 옆에 누웠던 사람이 따라 나온다.
그가 담배를 피우면서,
"아빠하고 같이 꼭 완주해라."
"고맙습니다, 아저씨. 꼭 그러겠습니다."

새벽 2시.
연하천 산장으로 출발이다,
칠흑 같은 어둠 사이로 두 개의 불빛이 반짝인다,
험한 돌길이다. 불빛이 희미하다.
아들이 등 뒤에 바짝 달라붙는다.
"야, 조심해라. 완전히 돌길이다……. 무섭지 않냐?"
"조금."
돌길이 끝없이 이어진다.
"야, 숨이 찬다. 조금 쉬었다 가자."
아들이 앉아서 밤하늘을 쳐다본다.
"아빠, 별똥별이야. 저거 봐, 3개나 떨어져."
"야아아! 순식간이네."
밤하늘이 소금을 뿌린 듯 하얗다.
"아빠, 도시에서는 이런 별 못 볼 거야?"
"그럼."
"나 학교 가면 친구들한테 자랑해야지."

새벽 3시.
형제봉을 지나고 삼각고지(1,462m)다.
어둠속에 산 능선이 드러난다. 산이 무섭다. 민가의 불빛이 따뜻해 보인다.
"아빠, 빨리 집에 가고 싶다. 연하천 산장 다 왔어?"

"1시간만 더 가면 돼."

아들이 세상에 태어나 밤중 산길은 처음이니 따뜻한 집이 그리워지는 것은 당연하다.

"야, 우리 어디로 왔냐?"

"여긴지 저긴지 잘 모르겠는데?"

지도와 나침반을 꺼내들고 독도를 한다.

아들이 신기한 듯 한참이나 쳐다본다.

오른쪽 무릎이 따끔거리기 시작한다. 아프지 말아야 할 텐데, 걱정이다.

새벽 4시.

연하천 산장이다.

불빛 한 점 없이 고요하다. 들리느니 바람소리와 물소리뿐.

취사장에 배낭을 내려놓고 주변을 살폈다. 먹다 남은 참치 캔이 있고, 샘터에는 캔 맥주가 물속에 담겨져 있다.

찬물에 쌀을 씻어 밥을 안치고, 아들이 좋아하는 곰탕국을 끓였다.

"아빠, 자꾸 졸려."

"그러면 대피소 안에 들어가 자라."

오리털 침낭과 매트리스를 꺼내들고 조용조용 대피소로 들어갔다. 따뜻한 온기가 후~욱 엄습해오면서 몸이 그냥 무너질 것 같다.

잠자는 사람들 사이로 매트리스와 침낭을 깔았다.

"밥 다 되면 부르러 올게. 잘 자라."

"고마워, 아빠."

취사장이다.

덧옷을 껴입었다.

밥이 끓기 시작한다.

눈을 감고 잠을 청해본다. 잠은 오지 않고 눈물이 난다.

새벽 5시 5분.

아들이 침낭과 매트를 들고 나타났다.

"야, 벌써 다 잤냐?"

"조금만 자면 되지 뭐."

"그래. 우리 맛있는 아침을 먹자."

밥 타는 냄새가 구수하다.

곰탕국 끓는 냄새에 침이 넘어간다.

"아빠, 배가 고픈 건지 아픈 건지 모르겠어."

랜턴 불을 켜고 순식간에 밥과 국을 비웠다.

새벽 5시 반.

삼도봉을 향하여 출발이다.

밖은 아직도 캄캄하다.

"지수야, 앞으로 30분만 있으면 날이 밝는다."

"오케이, 날만 밝으면 엄청 빨리 갈 수 있는데."

연하천 산장을 벗어나자 편평한 흙길이 이어진다.

새벽 6시.

산 능선 위로 동이 터온다.

새벽 별과 달이 희미해진다.

"아빠, 지리산에는 새소리가 안 들린다."

"아직 새들 기상 시간이 아닌가보지."

"아빠, 토끼봉이 어디야?"

"저 앞에 보이잖아."

"토끼처럼 안 생겼는데."

"토끼가 많다고 토끼봉이겠지. 땀께나 흘리겠다."

"아빠, 진짜 힘드네. 만만히 봤다가 큰 코 다치겠네."

"야, 그래도 1,534m야."

토끼봉 정상을 지난다.

화개재 내리막 돌길이 이어진다.

"아빠, 큰 거 마려워."

"저 풀숲에 가서 낙엽 긁어내고 시원하게 눠라."
"아아! 배가 아파."
아들이 뛰어 내려간다.
한참 있다가 올라온다.
"시원하냐?"
"엄청 많이 눴어."

아침 7시 40분.
화개재다.
뱀사골 산장이 발밑이다.
화개재에서 삼도봉으로 이어지는 나무계단이다. 1999년에 설치하였고, 길이는 240m, 폭은 1.5m다.
나는 헉헉대고 아들은 여유만만이다.
"아빠, 계단수가 545야. 어떤 사람은 약 540개라고 적어놨어. 토끼봉을 어떻게 넘었는지 몰라."
"아직도 갈 길이 멀다."

아침 8시 20분.
삼도봉(1,499m)이다.
'전북, 경남, 전남도민이 서로 마주보며 하나 됨을 기리다. - 삼도를 낳은 봉우리에서 1998년 10월'
"여기가 삼도의 경계지점이다. 전북 남원, 경남 산청, 전남 구례가 서로 만나고 헤어지는 곳이지."
북쪽으로는 반야봉, 동쪽으로는 천왕봉, 서쪽으로는 노고단이 보인다.
아들은 경치는 둘째고 노고단만 바라본다.
"아빠, 여기서 노고단까지 얼마나 걸려?"
"2시간 반."
"이제부터는 내리막이지? 아빠, 어디 지도 좀 보자."

아침 8시 45분.

반야봉 삼거리다.

"아빠, 사과 좀 줘."

"야, 조금 전에는 안 먹는다더니."

사과 단내를 맡고 벌이 윙윙거리며 달려든다.

"야, 벌도 좀 줘라. 먹고 살려고 그러는데, 하하하……."

지나가던 등산객이 옆에 앉는다.

"저희는 천왕봉 일출 보러 2박 3일 종주합니다. 저도 어릴 때 산악인 부친을 따라 3박 4일 동안 지리산 종주를 했는데 지금도 기억이 생생합니다. 그런데 얘는 학생이 아닙니까? 학교는 어떻게 하구요?"

"선생님이 현장학습 처리해 주셨습니다."

"야, 정말 멋있네요. 종주 잘하세요. 학생, 파이팅!"

오전 9시.

노고단으로 출발이다.

짐이 가벼우니 걸음도 가볍다. 무릎 통증도 덜하다. 뛰다시피 걷는다.

오전 9시 20분.

임걸령이다.

샘터 물맛은 정평이 나 있다.

바가지로 물을 떠먹는데 벌이 윙윙거린다.

"하여간 벌 되게 많네."

"벌이 너를 좋아하는가 보다."

"아빠, 여기가 반달곰 서식지야? 곰이 이곳저곳 돌아다니다가 이 부근에 자주 오는가 보구나."

아들은 국립공원 안내판을 꼼꼼하게 들여다본다.

아이들은 호기심이 많다.

호기심은 젊음의 상징이다.

오전 10시.

돼지령 갈대밭이다.

"야, 멋있게 폼 좀 잡아봐라……. 그래, 진짜 멋있다. 하하하하!"

"하늘이 진짜 파랗다."

"그래, 정말 파랗구나. 우리 마음도 파랬으면 좋겠다."

"아빠, 우리 연양갱 먹고 가자."

"이제 얼마 안 남았는데 다 먹고 가지 뭐."

오전 10시 20분.

노고단이 코앞이다.

무릎통증이 엄습한다. 그러나 내색할 수 없다.

"아빠, 무릎이 아프고, 어깨도 아프고, 다리가 안 굽혀진다."

"약 발라줄까?"

"괜찮아. 조금만 가면 되는데."

어제 10시간, 오늘 새벽 2시부터 지금까지 도합 18시간을 계속 걸었으니 아플 만도 하다.

"어디서 오시는 길입니까?"

"중산리에서요."

"언제 떠났는데요?"

"어제 새벽에 떠났습니다."

"아니, 정말 대단하시네요."

오전 10시 30분.

드디어 노고단(1,507m)이다.

"아빠, 나 드디어 해냈어. 나 진짜 못 올 줄 알았거든."

"그래, 아들 파이팅이다."

눈물이 핑 돈다.

천왕봉과 노고단을 잇는 능선길이 한눈에 들어온다.

"아빠, 우리가 어떻게 저 길을 걸어왔을까?"

"그래, 사람이 하는 일은 마음먹기 달린 거야."

노고단으로 올라오는 사람들이 자꾸 묻는다.

"천왕봉에서 오시는 길입니까?"
"아빠와 아들, 정말 멋있네요."
아들은 망원경으로 지나온 길을 뒤돌아 본다.
"아빠, 우리 정말 많이 걸어왔어."
"그래, 20시간을 걸어왔으니."

성삼재 내리막 돌길이다.
"아빠, 이제는 올라오는 사람 옷차림만 봐도 종주할 사람인지, 아닌지 알
수 있을 것 같아."
"너, 아주 도사 다 됐구나."

오전 11시 40분.

성삼재다.

"아빠, 나 우동 먹고 싶어."

우리는 땀을 뻘뻘 흘리며 우동 2그릇을 맛있게 먹었다.

2코스 성삼재 ~ 가재마을 ~ 여원재

여원재

가재마을

성삼재

- 산행기간 : 2004. 11. 6. ~ 11. 7.
- 산행거리 : 18.15km
- 산행시간 : 9시간 45분

아빠, 지금 몇 시야?

"아빠, 빨리 나와 봐. 별이 대단해. 사진기에 저 별을 다 담을 수 있을까?"
"네 눈과 마음속에 담아둬라."
텐트 위로 밤하늘 별빛이 부서져 내린다. 아들의 눈 속으로 우주가 쏟아져 들어온다.

"다음 주에 수행평가 있는데, 나중에 가면 안 돼? 나는 산이 싫어."
아들이 슬금슬금 눈치를 본다.
무엇이든지 한 번 미루기 시작하면 계속 미루게 된다.
그러다가 안 되겠다 싶었는지 살짝 꼬리를 내린다.
"산속에서 텐트치고 자다가 산짐승 만나면 어떡해?"
"걱정 마라. 산짐승은 사람을 해치지 않는다."
아들이 다니는 중학교에 현장학습을 신청하고 토요일 아침 대전행 버스에
올랐다.
산속 야영을 위해 오리털 침낭과 매트리스를 배낭에 우겨 넣으니 무게가

장난이 아니다.

다시 익산으로 향했다.
익산은 도시 전체가 크고 시원하다.
익산역은 멋있는 분수대, 휴게실의 대형 평면TV, 안락한 의자, 표 사는 곳에 설치된 고객용 모니터, 그리고 친절한 역 직원 등 최고의 역이다.
철도청의 변신에 어안이 벙벙하다.

지나가는 고등학생에게 밥 잘하는 집을 물으니 역전 옆 기사식당을 알려준다.
"지수야, 모르면 무조건 물어봐라. 특히 학생들한테 물어보면 잘 가르쳐준다."
기사식당은 밥 한 그릇에 반찬이 무려 13가지다.
굴, 고기, 김 등 음식이 입에 착착 달라붙는다.
"아줌마, 반찬 이렇게 많이 주고도 장사됩니까?"
"점심때만 주로 하니까요. 괜찮습니다."
인심도 후하고 음식도 맛있는 익산이다.

구례 버스터미널이다.
노인 한 분이 말을 건넨다.
"모두들 강한 아들을 만들어야 합니다. 요즈음 사람들은 너무 쉽게 살려고만 합니다. 참으로 장하십니다."

성삼재행 완행버스 안이다. 가을걷이가 끝난 들녘 풍경이 애잔하다.
광주에서 온 30대 부부 등산객이 한마디 한다.
"나중에 네가 어른이 돼서 이곳에 오면 아빠 생각이 날 거다."

천은사 매표소다.
또 다시 돈을 내란다.
"와! 진짜 돈 많이 받는다."

오후 5시.
성삼재다.
관광버스와 승용차가 뒤엉켜 난리법석이다.
성삼재를 뒤로 하고 작은 고리봉으로 향한다.

서쪽 하늘 위로 저녁노을이 벌겋다.
"야! 멋있다."
"해 넘어가면 금방 어두워진다. 랜턴을 준비해라."

작은 고리봉(1,248m)을 지난다.
아늑하고 편평한 헬기장이 나타난다.
해가 넘어가자 기온이 뚝 떨어진다.
"오늘은 여기서 자자."
텐트를 치고, 비닐과 매트리스를 깔고 침낭을 폈다.

백두대간 고리봉에 집 한 채가 들어섰다.
밥 익는 냄새와 시금치 장국 냄새가 바람을 타고 퍼져나간다.
아들이 계속 밥뚜껑을 열었다 닫았다 한다.
"야, 그 뚜껑 가지고 그러지 말고 가만히 덮어놔라."
따뜻한 밥과 국을 먹고 나니 졸음이 밀려온다.
누룽지 끓는 냄새에 마음이 평온해진다. 마음은 냄새에 민감하게 반응한다.

텐트 안은 따뜻하고 밖은 춥다.
얇은 천막 사이로 빛과 어두움, 온기와 한기가 교차한다.
아들이 소피보러 밖으로 나갔다 들어온다.
"아빠, 빨리 나와 봐. 별이 대단해. 사진기에 저 별을 다 담을 수 있을까?"
"네 눈과 마음속에 담아둬라."
텐트 위로 밤하늘 별빛이 부서져 내린다. 아들의 눈 속으로 우주가 쏟아져 들어온다.

계절이 지나가는 하늘에는 가을로 가득 차 있었습니다
나는 아무 걱정도 없이 가을 속의 별들을 다 헤일 듯합니다
가슴속에 하나 둘 새겨지는 별을
이제 다 못 헤는 것은 쉬이 아침이 오는 까닭이오
내일 밤이 남은 까닭이오
아직 나의 청춘이 다하지 않은 까닭입니다
별 하나에 추억과
별 하나에 사랑과
별 하나에 쓸쓸함과
별 하나에 동경과
별 하나에 詩와
별 하나에 어머니 어머니.

(윤동주 시인의 '별 헤는 밤' 중에서)

저녁 8시.

침낭 안에 몸을 밀어 넣었다.

아들은 피곤한지 금방 잠이 든다.

어둠이 깊어지자 산 짐승소리가 바람을 타고 간간이 들려온다.

얼핏 잠이 들었다.

"아빠, 지금 몇 시야?"

아들이 깨어 묻는다. 시계를 보니 밤 10시 반이다.

"야, 빨리 자라. 나중에 깨워줄게."

또 다시 잠이 들었다.

자정이 조금 지났다. 누가 텐트 위를 밟고 지나가는 느낌이 든다. 꿈속에서 누구냐고 아무리 소리를 질러도 소용이 없다. 어떤 사람이 텐트 주위를 빙빙 돌고 있다.

또 다시 잠이 들었다.

텐트가 막 흔들리다가 조용해진다. 이런 일이 몇 번이나 반복된다.

이승에서의 한을 풀지 못하고 구천을 맴도는 중음신의 몸부림인가?

악몽에 가위눌려 헤매고 있는데 아들이 내 팔을 잡고 흔든다.

"아빠, 지금 몇 시야?"

깜짝 놀라 시계를 보니 새벽 3시다.

온 몸이 땀으로 흥건하다.

눈을 감았으나 잠이 오지 않는다.

"지수야, 귀신이 왔다간 것 같다. 너는 무슨 소리 못 들었냐?"

"소리는 못 들었는데 텐트 밖에 누가 서 있는 것 같았어. 좀 무섭기도 하고 그래서 아빠한테 시간을 자꾸 물어 봤던 거야."

귀신을 보지는 못했지만 아들도 귀신을 느꼈다.

새벽 3시 반.

"아빠, 이 자리 아무래도 으스스해."

"그래, 그러면 빨리 짐 챙기자."

밖으로 나오니 몹시 춥다.

텐트에서 물이 뚝뚝 떨어진다.
아들 코에서도 콧물이 뚝뚝 떨어진다.
멀리서 개 짖는 소리가 희미하게 들려온
우리는 별을 보며 함께 소피를 봤다.

만복대 가는 길.
키를 넘는 산죽과 잡목지대의 연속이다.
구례군 산동면 마을 불빛이 따뜻하게
벽녘이다.
"아빠, 빨리 집에 가고 싶다."

새벽 5시 반.
묘봉치(墓峰峙, 1,108m)다.
야영텐트 한 개가 보인다.
"만복대 3km 남았다. 1시간 반 더 가야 돼."
만복대 갈대숲 사이로 노고단, 반야봉, 천왕봉으로 이어지는 지리산 능선
에 먼동이 터오기 시작한다.
별빛이 금방 자취를 잃고 희미해진다.
지리산의 여명은 정말 장관이다.

만복대(萬福臺, 1,433,4m)다.
글자 그대로 복스러운 봉우리다.
지리산 주능선이 한눈에 들어온다.
지리산을 보려면 지리산 밖 만복대로 오라.

지리산 일출을 보기 위해 정령치에서 올라온 등산객들과 사진촬영을 위해
밤새 야영을 한 사진작가들이 눈에 띈다.
사진작가에게 촬영을 부탁했다.
"멋있습니다."

정령치를 향해 쏜살같이 내려간다. 도로가 마치 뱀처럼 구불구불하다.
새소리가 들리고 동이 터온다.
"새는 쭈욱 나는 게 아니고 딱딱 끊어서 난다."
산에 들면 오감이 되살아난다. 관찰력이 뛰어난 아들이다.

아침 7시 반.
정령치휴게소다.
정령치(鄭嶺峙, 1,172m)는 남원시 산내면과 주천면을 잇는 백두대간 고개다.
서산대사의 황령암기에 의하면 기원전 84년에 마한의 왕이 진한과 변한의
침략을 막기 위해 정씨 성을 가진 장군에게 성을 지키게 하였으며, 신라시대
에는 화랑들이 이곳에서 무술을 연마하였다고 전한다.

고리봉으로 향했다.
산길 정비가 한창이다.
인부들이 돌을 지고 올라간다. 얼굴에서 땀이 뚝뚝 떨어진다.
"아빠, 돌이 엄청 무겁겠다. 옛날 성 쌓을 때도 저렇게 돌을 져 날랐겠
지?"
"그럼, 그러니 백성들이 얼마나 고생했겠냐?"
"정약용은 수원성 쌓을 때 기중기를 발명했잖아."
"너 국사 공부 많이 했구나."
"아니야, 선생님이 가르쳐주셨어."

물을 담았다.
배낭이 묵직하다.
가파른 오르막이다. 헉헉 소리가 난다.

오전 9시.
고리봉(1,304.5m)이다.
"아빠, 왜 고리봉이야?"
"고기리 사는 노인들 얘기에 의하면, 옛날에는 여기에 배를 대는 고리가

있었다고 전해져 온대."
"그러면 여기가 모두 바다였다고? 나는 도무지 상상이 안 돼."
옛 지명 안에 전설이 담겨 있다.

북쪽으로 바래봉이 우뚝하다.
바래봉은 철쭉 군락지로 유명하다.
지리산 주능선이 한눈에 들어온다
"지리산아, 이젠 안녕."
아들이 지리산을 향해 손을 흔든다.
바래봉은 직진이요, 백두대간은 좌회전이다.

고촌리 3km 내리막이다.
500m마다 표지판이 붙어있다.
소나무와 낙엽송 지대를 지난다.

"아빠, 예전에 여기 올라올 때 정말 힘들었겠다."
"야, 말도 말아라. 정말이지 죽는 줄 알았다."

소나무에 여자 선글라스가 걸려있다.
"야, 어떠냐?"
"에이, 쓰지 마. 그냥 놔둬."

찻소리가 들린다.
묘 한 기가 나타난다.
"아빠, 왜 여기다가 묘를 썼어?"
"풍수지리 때문에."
"풍수가 뭐야?"
"물과 바람이다."
"그게 묘하고 무슨 상관이 있어?"
"길지에 조상 묘를 쓰면 후손들이 복을 받는다고 해서……."
아들이 고개를 갸우뚱한다.

오전 10시 25분.
주촌 3거리다.
노치마을 표지석을 지난다.
문중 성묘 광경이 눈에 들어온다. 꼬맹이부터 노인들까지 대가족이다.
"와아! 한 30명은 되겠다."
성묘는 문중의 잔치요, 축제다.
한국인의 정서가 고스란히 담겨있다.

가재마을 가겟집이다.
수도꼭지에서 물이 콸콸 쏟아진다. 빨래비누로 머리를 감았다. 머릿속이 박하사탕이다.
발을 씻었다.
발소리가 느껴진다.

주인아줌마가 나타났다.

아이스크림과 캔 맥주를 샀다.

"아빠, 너무 맛있다."

"그러면 한 개 더 먹어라."

"아저씨, 산이 그렇게 좋아요?"

"좋고 안 좋고는 없어요. 그냥 산은 운명이에요."

"아저씨를 언젠가 한 번 본 것 같은데?"

"아! 2년 전에 제가 한 번 들렀잖아요."

"맞다, 맞아. 그때 약간 뚱뚱하고 재미난 아저씨하고……. 아들이 옹골차게 생겼네. 여기 감 꺾어놓은 것 가져가거라."

가재마을은 대문이 없고, 물맛 좋은 샘터가 있다.

마을 뒤쪽에는 수백 년 된 소나무 3그루가 서 있다. 노송 삼형제는 가재마을 수호신이다.

수정봉 오르막은 소나무 숲길이다.

솔바람 솔향기에 취해 말없이 걷는다.

"아빠, 배나온 사람들 한 번 왔다 가면 배가 쑥 들어가겠다."

"야, 말 시키지 마라. 수정봉이 도대체 어디야?"

"아빠, 여긴 것 같은데. 여기 돌 위에 + 표시가 있고, 리본이 여러 개 달려 있잖아."

수정봉(804.7m)은 표지석이 없는 평범한 봉우리다.

가르쳐 주지 않아도 스스로 깨우친 아들이다.

체험을 통해서 알게 된 지식은 평생 내 것이 된다.

"아빠, 우리 밥먹지 말고 곧바로 쭈우욱 가자."

"그래, 그러면 가다가 배고프면 말해."

"배고프면 사과하고 귤 먹으면 되지."

"너 무릎은 괜찮냐?"

"괜찮아. 지리산 갈 때는 무릎도 아프고, 발바닥에 물집도 잡히고 그랬는데 이제는 괜찮아."

낮 12시 반.
입망치(立望峙)다.
암봉(巖峰)이 나타난다.
임봉은 큰 칼 짚은 장수다.
"아! 또 오르막이네."
"오늘 마지막 봉우리다. 힘들 땐 그냥 땅만 보고 걸어라. 위를 쳐다보면 지쳐서 못 간다."
어디 산뿐이랴, 사는 일도 마찬가지다.

오후 1시 반.
여원재다.
아들이 환하게 웃는다. 웃음이 활짝 핀 무궁화다.
"아빠, 우리 또 한 구간 해냈어. 나 이제 옷값 제대로 했지?"
"그래, 정말 수고했다."
"아빠도."
아들을 안았다.
아들의 몸에서 후~욱 열기가 느껴진다.
'아! 이거 무슨 냄새지?'
그렇다! 바로 사춘기 사내 냄새다.

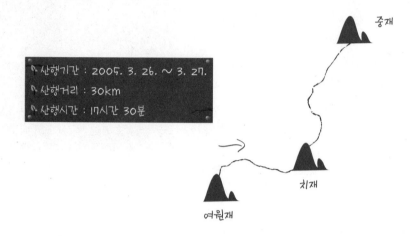

중재

▲ 산행기간 : 2005. 3. 26. ~ 3. 27.
▲ 산행거리 : 30km
▲ 산행시간 : 17시간 30분

치재

여원재

나, 집에 가고 싶어

"아빠, 나 내일 집에 가고 싶어."
아들의 힘들어하는 모습이 안쓰럽다.
'아! 나도 너무 힘들다. 도대체 내가 왜 이러는 것일까? 백두대간 허명에 젖어 괜히
아들만 고생시키는 게 아닐까? 아들 말처럼 다 그만두고 내일 아침 그냥 하산해 버릴까?'

"아빠, 눈이 오면 안 가는 거지?"
"눈이 와도 간다."
3월 24일 백두대간에 큰 눈이 내렸다.
눈 산행에 필요한 스패츠와 아이젠을 샀다.
아들 배낭에 두꺼운 침낭과 방한복을 넣었다.
아내는 아들의 속옷, 양말, 장갑을 꼼꼼하게 챙겼다.
아내는 슈퍼마켓에 가서 오징어 짬뽕을 샀다.
"이건 지수가 좋아하는 건데."
"내가 좋아하는 건 왜 안 물어봐?"

"당신은 알아서 잘 하잖아."
여자는 나이가 들면 자식이 우선이다.

나는 마치 전장에 나서는 장수처럼 머리와 손발톱을 깎고 목욕까지 마쳤다. 그리고 학교에서 돌아오는 아들을 기다렸다.

오후 5시.
아들이 돌아왔다.
"아! 진짜 가기 싫어. 남원에 눈이 많이 왔다고 그러던데, 안 가면 안 돼?"
"부랄 찬 놈들끼리 한 약속은 꼭 지켜야 한다. 날씨가 안 좋다고 미루고, 시험 본다고 미루고, 이 핑계 저 핑계대면서 미루기만 하면 죽을 때까지 못 간다."

저녁 7시.
문밖을 나섰다.
배낭이 머리 위에 우뚝하다.
아파트 엘리베이터 안이다.
"아니, 어디 가세요?"
"백두대간 갑니다."
"야, 너는 좋겠다."
"아줌마, 저는 힘들어요."
"너는 진짜 행복한 비명이다."
"아줌마는 몰라서 그렇지, 이번에는 3박 4일이에요."

새벽 2시.
남원역이다.
택시기사가 여관을 알려준다.
아들은 침대로, 나는 방바닥이다.

3월 26일 아침.

남원시청 옆 오곡식당이다.
아침을 먹고 주먹밥과 반찬을 담았다.
주인의 넉넉한 배려에 가슴이 뭉클하다.

인월, 운봉행 버스에 올랐다.
여원재다.

아침 9시.
솔숲이다.
군데군데 잔설이 남아있다.
송진 냄새와 솔향이 묻어난다.
맑고 찬 공기가 박하사탕이다.
"아빠, 이 노란 줄은 왜 쳐놨어?"
"송이 밭에 들어가지 말라는 표시야!"
"이런데도 니꺼 내꺼 있나?"

고남산 오르막이다.
숨이 턱에 닿는다.
배낭 무게가 깊이 느껴진다.
"아빠, 침이 끈적끈적해."
"뱉지 말고 그냥 삼켜라."
김해김공중위지묘(金海金公仲偉之墓)다.
배낭을 벗어놓고 털썩 주저앉았다.
"저런 건 왜 한글로 안 쓰고 한문으로 썼을까?"
"한문은 양반의 글이고, 한글은 백성의 글이다."
"글에도 계급이 있나?"
씩씩하게 밧줄을 잡아당기며 암릉구간을 넘어섰다.

오전 10시.
고남산(846.5m)이다.

남쪽으로 지리산, 북쪽으로 봉화산과 덕유산으로 이어지는 백두대간 마루
금이 아스라이 펼쳐진다.
지나온 길과 나아가야 할 길이 선명하다.
산불감시원이 무전기를 들고 서 있다.
"어디로 가는 겁니까?"
"백두대간 다니는데요."
"입산통제 기간입니다. 어디에서 왔습니까?"
"강원도에서 왔습니다."
"그러면 빨리 지나가세요."

늙은 감시원의 얼굴이 독수리다.
그는 22년째 산불감시 일을 하고 있다.
"아빠, 저 아저씨 얼굴이 무섭게 생겼어."
"그 사람 얼굴을 보면 직업을 알 수 있다. 얼굴은 마음의 거울이다."

산 밑에선 남원시 산악연맹의 시산제 행사로 시끌벅적하다.
돼지머리에 소주 한잔하고 싶다.
고로쇠 물도 먹고 싶다.
'그러나 아들아, 우리는 갈 길이 멀구나.'

KT 중계소를 지나자 콘크리트 도로가 이어진다.
"아빠, 우리는 왜 백두대간 리본 안 달아?"
"네가 다시는 산에 안 간다고 그랬잖아."
"그건 하도 힘들어서 그냥 해본 소리야."

큰 소나무에 등을 대고 앉았다.
사과 한 개를 손으로 잘랐다.
"아빠, 손이 칼이네."
"사람 손은 손오공이다. 손 안에 마음이 담겨있다."
"맞다 맞아, 그 말이 딱이야."

"지금 무슨 생각이 났어?"
"학교 가서 써 먹어야지."

봄바람에 졸음이 밀려든다. 밀물 같은 졸음이다. 눈꺼풀이 태산이다. 눈을 감았다. 단잠이다.
"아빠, 우리 집에 가서 실컷 자자."
아들의 소리에 흠칫 눈을 떴다.
"그래, 다시 힘을 내자."
내리막이 끝없이 이어진다.

낮 12시.
남원시 운봉읍 매요마을이다.
'대간꾼'에게는 잘 알려진 마을이다. 특히 매요휴게실 할머니는 유명하다. 작은 매점을 운영하면서도 넉넉하다. 대간꾼에겐 김치도 밥도 공짜로 퍼준다.
"조금 전에 복성이 가는 사람들 여기서 막걸리 먹고 갔어."
"어떤 부부도 라면 삶아먹고 김치 맛있다고 해서 내가 싸줬어."
"할머니, 라면 두 개만 삶아주세요."
"응, 그래그래. 할미가 금방 삶아줄게. 그리고 먹고 싶은 거 있으면 골라 봐."

아들은 콜라, 봉봉, 아이스크림, 라면에다 밥까지 말아먹는다.
"으메! 엄청 배가 고팠는가보구나. 김치 싸줄까?"
"아니 괜찮습니다. 배낭이 좀 무거워서요. 야, 할머니한테 인사드려야지."
"할머니, 고맙습니다. 안녕히 계세요."
"그래, 공부도 열심히 하고 아버지 말도 잘 듣고, 나중에 지나는 길 있으면 들러라. 내가 그때까지 살아 있을랑가 모르겠지만."

유치재다.
똥개 한 마리가 계속 따라오면서 짖어댄다.
"아빠, 빨간 장갑보고 그러는 거 아니야?"
"모르겠어, 개들은 나만 보면 짖어댄다."
짱돌을 집어 들고 던지는 시늉을 하자 깨갱깽 소리치며 도망간다.

오후 1시.
다리가 휘청한다.
"아빠, 왜 그래?"
"아니야, 괜찮아."
매요마을에서 물 한 병과 아들이 저녁에 먹을 과자를 사서 배낭에 넣었는데 배낭 무게가 어깨를 짓누른다.
"지수야, 물 반병만 덜어줄게. 괜찮겠니?"
"응, 괜찮아."
"고맙다."
아들 배낭도 무거운데 눈물이 핑 돈다.
눈이 녹아 질퍽거리는 잡목 숲을 지난다.
오랫동안 말없이 걷는다.
너무 힘든 탓일까? 미안한 마음 때문일까?

오후 2시.
88올림픽고속도로가 지나는 사치재다.

사치재는 전북 남원과 경남 함양의 경계다. 여기에서 복성이재 4.8km, 여원재 12.9km다.

긴 오르막이 이어진다.
"고속도로 횡단했다고 벌주는 것 같아."
"누가?"
"하느님이."
"야, 하느님이 그렇게 쩨쩨한 줄 아냐."

산꼭대기를 쳐다보니 까마득하다.
이럴 땐 오직 땅만 보고 걸어야 한다.
아들은 뒤떨어져 묵묵히 걸어온다.

산불에 그을린 소나무 숲을 지난다.
"여기 안 탄 것도 있네?"
"쓰나미 때도 살아남은 사람이 있다."
"쓰나미가 뭐야?"
"전번에 지진 해일 있잖아."
"나무하고 쓰나미하고 무슨 상관이 있어?"
"야, 미안하다, 미안해. 그만하자."

오후 3시 반.
새맥이재다.
"여기가 새맥이재 맞나?"
"내가 어떻게 알아?"
사춘기 특성 중의 하나가 반항이다.
"아빠, 우리 전번에 몇 밤 잤지?"
"지리산 만복대 지나올 때 두 밤 잤지."
아들은 집 생각이 간절한가 보다.
"이제 2시간 반만 가면 치재다."

"물을 아껴 먹어라."

오후 4시.
시리봉(776.8m)을 지난다.
아들은 지치는 듯 자꾸 뒤쳐진다.
배낭을 멘 채 허리를 90도로 숙였다. 얼굴에서 땀이 뚝뚝 떨어진다. 가쁜 숨을 몰아쉬며 아들을 기다렸다.
눈 녹은 길이 질척거린다. 흙길이 새카맣고 미끄럽다. 몇 번이나 휘청했다. 미끄러질 뻔하다가 나뭇가지를 잡았다. 엉덩방아는 면했지만 신발과 바짓가랑이는 엉망이다.

오후 4시 반.
아막성터가 내려다보이는 781봉이다.
백두대간 리본이 바람에 흔들린다. 흔들리는 것은 리본만이 아니다.
"아빠, 나 내일 집에 가고 싶어."
아들의 힘들어하는 모습이 안쓰럽다.
'아! 나도 너무 힘들다. 도대체 내가 왜 이러는 것일까? 백두대간 허명에 젖어 괜히 아들만 고생시키는 게 아닐까? 아들 말처럼 다 그만두고 내일 아침 그냥 하산해 버릴까?'

아막성터 내리막이다.
새까만 흙이 푹푹 빠진다.
진창길을 미끄러지듯 내려온다.

오후 5시 20분.
아막성터다.

전북 남원시 아영면 월산리에 있는 이 성터는, 6세기 후반 신라와 백제가 주도권 싸움을 벌였던 곳으로서 신라에서는 모산성, 백제에서는 아막성이라고 불렀다고 전한다.
성의 규모는 둘레 632.8m, 기와조각과 토기조각이 발견되며, 성 동쪽에는 직경 1.5m 가량의 둥근모양의 돌로 쌓은 우물터가 있다.

세월은 가도 성터는 남는다.
매요마을에서 산 김맛 전병은 피로회복제다.
"맛있냐?"
"그럼. 물 많이 먹어도 돼?"
"그래, 이제 얼마 안 남았다, 다 먹어도 된다."

오후 6시.
복성이재다.
장수군 번암면 복성리와 남원시 아영면을 잇는 지방도가 지나며, 200m 밑에는 철쭉슈퍼라는 식당 겸 민박집도 있어 구간 종주자들이 많이 이용하고 있다.

아들은 지금 이 길 따라 집에 가고 싶다.
"앞으로 30분만 더 가면 야영지가 나온다."
"또 가야 돼? 아! 저 꼭대기 산을 또 넘어가야 되잖아."
"조금 있으면 날이 어두워진다. 빨리 물 있는 곳에 도착해야 돼."
나는 뒤도 안 돌아보고 악으로 깡으로 올라간다.
아들은 이 순간 아빠가 원망스러울 게다.
이 세상에 힘들지 않고 얻을 수 있는 것은 아무것도 없다.
백두대간 길에서 아들은 과연 무엇을 배울 것인가?

오후 6시 30분.
봉화산 밑 치재다.
발뒤꿈치에 물집이 잡히고 기진맥진이다.
아들이 고개를 숙이고 울고 있다. 아들의 어깨를 두드려 주며,
"지수야, 애썼다. 힘내라."
그 순간 아들은 고개를 들고 눈물을 닦으며 "아빠, 미안해" 한다.
"괜찮다. 많이 힘들었지? 조금만 힘을 내자."

아들이 소리 내어 엉엉 운다.
아아! 나도 눈물이 난다.

나무계단을 따라 내려가자 넓은 공터가 나타
난다.
텐트를 치고, 매트리스와 침낭을 폈다.
"야아아! 이제 살 것 같다."
길 따라 400m 가량 내려가니 물소리가 들린다.
"와아아! 물이다, 물."
아들의 얼굴에서 빛이 난다. 아들이 머리에 물을 끼얹는다.
"야, 엎드려봐라."
"어어, 차가워. 어어, 아, 그만 그만."
등목을 하자 하루의 피로가 싹 가신다.

저녁 7시 반.
산속에 어둠이 깔리기 시작한다.
갑자기 기온이 뚝 떨어진다. 덧옷을 껴입었다.
밥 타는 냄새가 구수하다. 육개장을 끓이고 반찬은 김치 한 가지다.
시장이 반찬이라고 배고프니 다 맛있다.
아들은 숨도 제대로 안 쉬고 밥 먹기에 바쁘다.
아들 입에 밥 들어가는 모습을 바라보니 돌아가신 부모님이 생각난다.
'우리 부모님도 나 키울 때 그러셨겠지.'
양말을 벗었다. 발뒤꿈치에 큰 물집이 부풀어 올랐다.
"아빠, 되게 아프겠다?"
"괜찮다."
"아빠, 내일 비 온다는데 여기서 자고 아침에 그냥 내려가자. 4월 달에 다
시 오면 되잖아."
"야, 여기서 내려가면 다음에 이곳에 오기 어려워⋯⋯. 한 번 생각해 보
자."

아들은 즉시 핸드폰으로 엄마한테 연락했다.

"엄마, 나 내일 집에 갈지도 몰라?"

"야, 무슨 소리야. 끝까지 마치고 와야지?"

"엄마가 뭐라고 그래?"

"끝까지 마치고 오라고 그러는데."

우리는 소피를 보러 밖으로 나갔다.

풀숲에서 소피를 보며 아들이 말했다.

"우와아! 별이 엄청 많다. 별이 엄청 가까이 보여."

"공기가 맑아서 그럴 거야. 주변에 다른 불빛도 없고."

아들이 별빛을 안고 텐트 안으로 들어왔다.

"아빠, 나 그냥 잘래."

아들이 침낭 속으로 들어간다.

잠자는 모습이 천사 같다.

부모 마음은 다 같을 게다. 오늘 그 무거운 배낭을 메고 11시간을 걸어왔으니.

다음날 새벽 3시.

아들이 오줌이 마렵다며 일어났다.

"아빠는 계속 코골더라."

"야, 너도 눕자마자 금방 코골더라."

"밤에 짐승소리가 가까이에서 들렸어."

"나는 전혀 못 들었는데. 짐승은 가만히 있는 사람은 해치지 않는다."

텐트 위로 '또르륵' 이슬 구르는 소리가 들린다.

새벽 6시.

새소리가 들리고 날이 밝는다.

"아빠, 시간마다 기온이 달라지는 것이 확실히 느껴져. 우리 밥 먹고 내려가는 거지?"

"시간 없다. 밥 먹고 계속 가자."
곰국을 끓여서 아침을 먹고 주먹밥 두 개를 비닐봉지에 담았다.
배낭을 꾸리는데 아들이 물었다.
"아빠, 물은 어디에서 시작되었을까?"
근원적이고 철학적인 질문이다. 백두대간은 아들에게 '철학교실'이다.

아침 8시 20분.
봉화산 오르막이다.
산길이 말끔하게 정비되어 있다.
멀리서 비구름이 시커멓게 몰려온다.
"아빠, 나 신발끈 풀렸어."
"야, 너는 대간 타는 놈이 어떻게 신발끈도 묶을 줄 모르냐?"
"아니, 모를 수도 있는 거지."
아들에게 신발끈 묶는 법을 가르쳐준다.
"다음부터는 너 혼자 묶어라."

오전 9시 20분.
봉화산(919.8m)이다.
전북 장수군 번암면과 남원시 아영면에 걸쳐 있는 육산이다. 매년 5월말에 열리는 철쭉제로 유명하다. 산 정상까지 산판 길이 나 있어 차량 접근도 가능하다.
산 정상에서 대간꾼 4명을 만났다.
"우리는 오늘 아침 중재에서 떠났습니다. 지금 '땜방' 구간 하고 있습니다."
"야, 너 몇 학년이냐? 여자처럼 곱상하게 생겼네."
"너는 인마, 부모 잘 만나서 복 터졌다."
"우리는 이제 다 왔으니 이거 다 가져라."
그들이 찰떡파이와 당근을 아들 주머니에 넣어준다. 동시에 배낭끈 매는법을 알려주고 배낭끈을 조절해준다.
"배낭이 이렇게 허리 위로 착 달라붙어야 가볍습니다."
"여기서부터는 완전히 진창길입니다. 그러나 백운산만 지나면 괜찮습니다."
"야, 너 끝까지 포기하지 말고 완주해라. 백두대간 부자 파이팅!"

광대치(廣大峙) 가는 길.
눈은 점점 많아지고 빗살은 점점 굵어진다.
질퍽거리는 내리막을 나뭇가지를 잡고 곡예하듯 내려간다.

오전 11시.
비는 그칠 줄 모르고 계속된다. 옷도 젖고, 배낭도 젖고, 몸도 젖는다. 몸이
젖으니 마음도 젖는다.
질퍽대는 무명봉을 몇 개나 지나오는 동안 우리는 말없이, 말없이 걷기만
했다.
얼굴에는 빗물이 뚝뚝. 물먹은 배낭은 점점 더 무거워져 가고……

오전 11시 50분.
광대치다.
산악회 사람들이 떼 지어 지나간다.
어떤 사람들은 막 뛰어간다.
"아빠, 우리도 큰 배낭만 아니면 뛰어갈 수 있겠다."
"너, 이제 치악산 가는 건 힘들지 않겠네?"
"우리 다음 달에 치악산으로 학교 간부수련회 가는데."
산악회를 따라온 중년부부가 물끄러미 쳐다본다.
"아! 부자지간입니까?"
"네, 그렇습니다."
"대단하네요, 멋있습니다."

월경산(981.9m) 오르막이다.
진창길에 자주 미끄러진다.
나뭇가지는 그때마다 의지처다.
백두대간 종주 리본이 바람에 나부낀다.

'서울상대 17 산악회, 김천 소년교도소, 강릉 백두대간산악회……'

직업과 나이, 사는 곳은 각각이지만 금방 마음이 통할 것 같다.

"아빠, 우리도 리본 만들어 달자."

"그러면 리본에 뭐라고 쓸까? 너가 컴퓨터 잘하니까 한 번 만들어 봐라. 부자대간 종주 김영식, 김지수 어떻냐?"

"괜찮은데."

씩~ 웃는 아들의 머리 위로 봄비가 줄기차게 쏟아진다.

월경산은 언제 지난 줄도 모르고 중재를 향하여 계속 전진이다.

비가 내리니 어디 앉아 쉴 곳도 없다. 오르막 내리막 진창길은 한없이 이어지고…….

잠시 후 왼쪽으로 도로가 보이고 멀리 마을이 나타난다.

"아빠, 배고프다."

"중재 가면 물이 있다는데, 거기 가서 밥 먹자."

오후 1시 20분.

드디어 중재(650m)다.

지도에는 중재, 이곳 표지판에는 중치다.

중재는 경남 함양군 백전면과 전북 장수군 번암면을 잇는 백두대간 고개다.

'영취산 8.2km, 백운산장 차량대기, 중기 민박 원룸식'

안내판을 보니 마을이 가깝다.

비는 이제 마구 퍼붓기 시작했다.

"아빠, 우리 그만 내려가자?"

"너 여기서 조금만 기다려라. 물 떠가지고 올게."

물병을 들고 중기마을 쪽으로 한참을 내려가도 도랑에 빗물만 가득하다. 안되겠다 싶어 다시 중재로 올라오는데 아들은 나를 찾아 내려온다.

"야, 우선 밥부터 먹자."

미역국을 끓이고 주먹밥을 꺼내는데,

"아빠, 우리 밥 먹고 그냥 내려가자. 응? 왜 대답을 안 해? 내려가는 거지,

응?"

"밥 먹자."

쏟아지는 비를 맞으며 밥을 먹는다.

미역국은 국물 반, 빗물 반이다. 워낙 배가 고프니 국물 맛이 꿀맛이다.

아들은 오늘 백두대간 중재에서 쏟아지는 비를 맞으며 아빠와 함께 먹던 이 점심 맛을 오래도록 기억할 것이다.

"아빠, 제발 내려가자. 응? 안 그러면, 나 혼자 내려간다."

아들은 읍소 반, 협박 반이다.

'아! 어떻게 할 것인가?'

이곳에서 영취산까지는 7시간 반, 지금 시간은 오후 2시다. 비를 맞으며 계속 간다는 것은 아무리 생각해도 무리다.

나 혼자라면 어떻게 해 보겠지만 어쩔 수가 없다. 세상에 자식 이기는 부모 없다.

"그래, 좋다. 그냥 내려가자."

"앗싸아! 우리 아빠 최고다."
아들이 펄쩍 뛰며 좋아라 한다.

중기마을 하산길이다.
아들이 노루처럼 껑충껑충 뛰어간다.
"야, 너는 내려갈 때는 어떻게 그렇게 빨리 가냐?"
얼마 지나지 않아 마을이 보이고 계곡이 나타난다.
경남 함양군 백전면 중기마을이다.
"아빠, 내려오길 잘했지? 이것 봐, 비가 계속 오잖아. 내가 현명했지. 응?"
"그래, 네가 잘했다."

마을입구 신축 목조건물 성심재다.
출입구에 무거운 배낭을 내려놓았다. 배낭만 아니라 마음도 쿵! 내려놓았다.
수건을 들고 계곡으로 뛰어갔다. 계곡 물에 머리를 감고 신발을 씻었다.
충남 서산 부운산악회 사람들이 속속 내려온다.
"야, 너 진짜 복 터졌다. 멋있다 학생, 너 꼭 완주해라."
"다음에 또 다시 만나자. 파이팅!"

오후 4시 20분.
함양 버스터미널이다.
어묵을 오천 원어치 샀다. 어묵 국물을 먹으니 피로가 한꺼번에 몰려온다.
몸이 붕 떴다가 가라앉으면서 현기증이 난다.
아들은 콜라, 아이스크림, 봉봉, 과자를 잔뜩 사들고 왔다.
"아빠, 저 봐. 비가 계속 오잖아. 우리 내려오길 잘했지?"
"그래, 그래. 아빠가 고집을 피워서 미안하다."
"나 집에 가면 내일 아침 늦게까지 잠만 잘 거야. 나 깨우지 마. 알았지?"
이문재 시인은 말했다.

"가장 좋은 부모는 아이에게 추억을 만들어 주는 부모다. 부모와 함께 몸으로 만드는 추억만큼 오래가는 정신의 단백질은 없다. 삶의 에너지는 대부분 기억에서 나온다. 삶이란 자기 기억과의 대화인지도 모른다. 다양하고 풍부하고 깊이가 있는 기억을 가진 삶이 아름다운 삶이다."

그렇다면 나는 좋은 부모인가 나쁜 부모인가?

4코스 중치 ~ 백운산 ~ 영취산 ~ 육십령

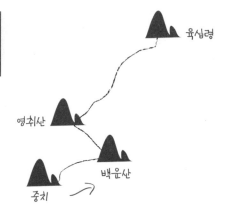

- 산행기간 : 2005. 5. 21. ~ 5. 22.
- 산행거리 : 22Km
- 산행시간 : 10시간 10분

'7070 산할아버지' 파이팅!

"야아아! 완전히 인간승리 산할아버지네. 70세에, 70일 산행이라. 정말 대단하시네."
뛰는 놈 위에 나는 놈 있다더니 정말이지 의지가 대단하다.
아들은 그동안 힘들다고 투정부린 것이 미안한 모양이다.
일흔 살 할아버지의 도전 앞에서 그만 꼬랑지를 팍 내리고 만다.

"정말 무서웠던 것은 내 자신입니다. 요즘 젊은이들은 실패를 두려워해 도전을 안 합니다. 실패는 자주해야 합니다. 실패하더라도 최선을 다하고 실패하십시오. 도전이 무서운 게 아니라 도전을 두려워하는 것이 진짜 무서운 것입니다. 젊은이들이 나를 보고 그래, 해보자 하는 생각을 했으면 합니다."

(2005년 5월 23일, 산악인 박영석의 동국대 강연 중에서)

"나, 내일 졸업앨범 사진 찍어야 돼."
"담임선생님은 나중에 찍어도 된다고 그러던데?"
"나, 새벽에 문 열고 밖으로 나가버릴 거야."

아들은 아예 배 째라고 버틴다.

그런데 이때 딸 지혜가 나섰다.

"야, 너가 처음부터 간다고 해서 시작했잖아. 객관적으로 봐서 너가 그래 서는 안 되지, 남자가 말이야."

객관적으로 봐서라니?

이럴 땐 우리 딸이 최고다.

딸이 '나의 주님, 나의 하느님'이다.

아내는 두 남자 사이에서 눈치를 보는데, 딸은 칼같이 명쾌하게 내 손을 들어준다.

아들은 자기편을 들어주는 사람이 하나도 없자, 방문을 쾅 닫고 자기 방 으로 들어가 버린다.

다음날 새벽 5시.

아들 방에 들어가서 머리를 만지며,

"지수야, 아빠 배낭 좀 덜어주지 않을래?"

아들이 말없이 조용하게 자리에서 일어난다.

새벽녘 버스터미널로 향했다.

대전 버스터미널 부근 PC방이다.

인터넷 게임에 빠져드는 아들이다. 아들의 심기를 달래주기 위해서는 어쩔 수 없는 선택이다.

경남 함양행 버스다.

"아빠, 우리 언제쯤 편하게 산행할 수 있을까?"

"충청도 보은이나 단양쯤 올라와야 될 걸."

"그때가 언제쯤이야?"

"아마 내년 가을쯤 되어야."

낮 12시.

함양 버스터미널이다.
중기행 완행버스를 기다렸다.
건물 2층 복도에 대형 거울이 걸려있다.
 '민주정의당 국회의원 권익현'
권익현은 제5공화국 국회의원이다.
완행버스 타는 곳 풍경은 1980년대다.
보따리를 든 일흔 살 할머니가 묻는다.
"어디서 왔소?"
"강원도 원주에서 왔습니다."
"으메, 징그러버. 아들이요?"
"예."
"아들 왜 고생시키요?"
"……."

봄날 토요일 오후.
중기행 완행버스 안이다.
두 남자가 꾸벅꾸벅 졸고 있다.

오후 2시.
함양군 백전면 중기마을이다.
마을 수돗가에서 물을 담았다.
중치 오르막이다.
"야, 너 저번에 비올 때 생각 나냐?"
"그럼. 그땐 산이고 뭐고, 그냥 집 생각만 나더라고."

수돗가에 모자를 두고 왔다.
"요즘은 뭘 자꾸 잊어먹고 그러네."
뛰어갔다 오니 얼굴에 땀이 뚝뚝 떨어진다.
길옆 풀숲에 산딸기와 아카시아 향기가 가득하다.

오후 2시 50분.
중재다.
전북 장수군 번암면과 경남 함양군 백전면을 이어주는 고개다.
나무그늘에 털썩 주저앉아 찬물을 벌컥벌컥 들이켰다.
"와아아! 시원하다, 밤에도 이랬으면 좋겠다."
광주 기백산악회 부부 산행자가 중기마을로 내려간다.
부자산행이 보기 좋다고 다들 한마디씩 건넨다.

오후 3시 20분.
중고개재다.
키를 넘는 산죽길이 정글이다.
하얗게 부서져 흩어진 철쭉 꽃잎이 눈부시다.
산이 푸르니 마음도 푸르다.
사과 한 개를 꺼내 반으로 쪼갰다.
아들과 나눠 먹으니 꿀맛이다.
"아빠, 물 먹어도 돼?"
"아껴 먹어라."
물 먹는 것도 물어보는 어린 아들이다.
"모르면 무조건 물어봐라. 모르는 게 창피하지, 물어보는 건 절대로 창피

하지 않다."
　산길은 오르막과 내리막이 수없이 반복된다.
　아들은 지루한 산길을 잘도 따라 걸어온다.

　오후 4시 50분.
　백운산 정상(1,278.6m)이다.
　백운산을 경계로 경남 함양군과 전북 장수군이 나뉜다. 백두대간을 경계로 생활권을 나눈 선조들의 지혜가 놀랍다.
　넓은 헬기장에 예쁜 표지석이 세워져 있다.

　서래봉에서 나물 뜯는 사람들 소리가 들려온다.
　또 다시 사과 한 개를 쪼개어 아들과 나눴다.
　정(情) 익는 소리가 들리는 듯하다.
　초코파이, 말아톤, 젊은 병사들이 생각난다.

　북으로는 덕유산, 남으로는 지리산이다.
　그 중심에 백운산이 홀로 우뚝하다.
　창공 속으로 까마귀떼가 푸드덕 날아간다. 푸른 하늘과 까마귀떼가 참 잘 어울린다.

　오후 5시 10분.
　영취산으로 향한다.
　내리막길을 한참이나 내려갔다.
　그런데 뭔가 느낌이 이상하다.
　지도를 펼쳤다.
　"아빠, 우리 지금 계곡으로 내려가고 있잖아."
　"그래, 아무 생각 없이 앞만 보고 가다가 그만."
　"조금 일찍 알았으니 다행이지 안 그랬더라면 오늘 엄청 고생할 뻔했다."
　까불다가 30분을 까먹었다. 정신이 번쩍 든다.
　"이거 봐라. 좀 안다고 까불다간 이렇게 된다. 뭐든지 잘난 척하지 말고 아는 길도 물어가야 된다."

다시 백운산이다.
"아빠, 우리 오늘 백운산 두 번 올랐다."
"앞장선 사람 잘못 만나면 고생한다. 너도 무조건 따라만 오지 말고 좀 이상하면 얘기해라."
잃어버린 시간을 보충하기 위해 속보다.
키를 넘는 산죽길이 10여 분간 이어진다.

오후 6시.
암봉이다.
갑자기 기온이 뚝 떨어진다.
영취산 가는 길이 고속도로다.
"아빠, 길이 너무 편안해. 또 오르막 나오는 거 아니야?"
"너는 힘들어도 걱정, 편안해도 걱정이냐? 그냥 그런가보다 하고 앞만 보고 가면 된다."

오후 6시 50분.
영취산 밑 선바위 고개다.
영취산까지 400m, 무령고개까지 700m다.

저녁 7시 20분.
드디어 무령고개다.
무령고개는 전북 장수군 계남면 장안리와 경남 함양군 서상면 상부전리를 잇는 백두대간 영취산 밑에 있는 아름다운 고개다.
물이 졸졸 흐르는 샘터와 오두막 같은 정자, 그리고 야영터가 있는 풍광 좋은 곳이다.

영취산 철쭉제가 끝나자 산도 휴식이다.
계절마다 산은 몸살을 앓는다. 인간의 축제는 자연의 고통이다.

산새소리를 들으며 텐트를 쳤다.

쌀을 씻어 밥을 안치고 미역국을 끓였다.

"아빠, 산 경치 참 멋있다."

아들이 민들레를 손에 쥐고 후우우~ 불었다. 민들레 풀씨가 바람을 타고 멀리 날아간다.

밥 익는 냄새가 구수하다. 몸은 냄새에 민감하게 반응한다.

"아빠, 밥 맛있겠다. 누룽지 국 진짜 맛있다."

"너 집에서는 잘 안 먹었잖아?"

시장이 반찬이다.

저녁 9시 10분.

산속 어둠이 깊어지면서 기온이 뚝 떨어진다.

우우우~~~. 꾸우욱, 꾸우욱~~~~.

산짐승 소리를 들으며 아들은 금방 잠이 든다.

잠자는 아들의 모습이 천사다.

저녁 10시 40분.
산짐승 소리가 가깝다. 짐승이 여러 마리다.
불을 켜고 밖으로 나갔다.
"야 인마, 저리가!"
소리를 지르자 도망가는 듯하다가 다시 되돌아온다.
본디 이곳은 그들의 영역이다. 굴러온 돌이 박힌 돌을 뺐다.

아들이 소피를 보러 밖으로 나갔다.
겁이 나는지 자꾸 뒤돌아다본다.
"야, 괜찮아. 내가 전등 비춰줄게."
자정이 되자 사방이 고요해진다.

다음날 새벽 4시 반.
산새소리를 들으며 잠에서 깨어났다.
아들에게 텐트와 침낭 개는 법을 가르쳐 준다.
"다음부터는 너 혼자 짐 정리해 봐라."

샘터 물을 떴다.
아침 메뉴는 곰탕이다.
무령고개에서 내려다보는 산 풍경이 장관이다. 아무 생각 없이 일주일만 있
다 갔으면 좋겠다.
남은 누룽지는 산새들 몫이다.
"아빠, 엊저녁에 먹다 남은 육포가 없어졌어."
"산짐승들이 먹고 갔겠지."

새벽 6시 20분.
영취산 빨딱 고개다.
산 공기가 청량하다. 몸이 새털처럼 가볍다.
무리지어 피어있는 산철쭉이 새색시처럼 곱다.

새벽 6시 40분.

영취산(1,075.6m)이다.

영취산에서 금남호남정맥이 시작된다. 정맥은 백두대간에서 갈라져 나온 가지다. 장수덕유, 남덕유, 할미봉이 손에 잡힐 듯 가깝다.

오월 산은 사춘기다. 아들처럼 생기발랄하다.

아침 7시 30분.

덕운봉 옆 암릉이다.

산은 온통 초록 물결이다.

멀리 지나온 백운산과 영취산 능선이 하늘과 맞닿아 있고 "뻐꾹 뻐꾹, 꾸우욱 꾸우욱" 하는 새소리가 산을 울린다.

아침 8시.

전북 장수군 계남면 대곡리다.

오동제 저수지와 논개 생가가 한눈에 들어온다.

논개의 성은 주(朱)씨다.

임진왜란 때 왜장 게다니무라 로쿠스케(毛谷村六助)를 안고 장맛비가 넘실대는 진주 남강에 투신한 충절의 여장부다.

그의 남편 최경회는 경상우병사로 진주성에서 왜군과 싸웠다. 그는 성이 함락 당하자 남강 물에 뛰어들어 자결했고 주논개도 뒤를 이어 투신했다. 두

사람은 백두대간 육십령에서 동남쪽으로 십리가량 떨어진 함양군 서상면 금
당리 마을 뒷산에 나란히 묻혀있다.

아침 8시 40분.
민령이다.
표지가 없지만 지도와 산행시간으로 미루어 보아 민령이라고 짐작할 뿐이
다. 생각을 사실처럼 간주하는 것은 위험하다.
산새 한 마리가 내려앉는다.
아들의 얼굴을 유심히 쳐다본다.
"도대체 새가 겁이 없네."
"친구하자고 그러는데."

들쥐 새끼 한 마리가 길가에 누워있다.
방금 숨을 거둔 듯 가슴에 체온이 남아있다. 모든 새끼들은 눈물 나게 귀
엽다. 아기 들쥐의 몸은 썩어서 백두대간의 흙이 되어 내년 봄 다시 아름다운
철쭉으로 피어날 것이다.

오전 9시.
깃대봉 가는 길이다.
오늘 첫 사람을 만났다.
천천히, 아주 천천히 걸어간다.
"안녕하세요. 어디에서 떠나셨습니까?"
"지리산 중산리에서요."
"예에에?"
"여기까지 며칠 걸리셨습니까?"
"오늘이 12일쨉니다."
"어젯밤은 어디서 주무셨습니까?"
"영취산 밑 샘터 있는 곳에서요."
"우리는 무령고개에서 잤는데요."
"영취산에서 100m 정도 지나면 길옆에 샘터가 있습니다."

"실례지만 연세는 어떻게 되셨는지요?"

"내가 올해 일흔이요, 진부령까지 70일 잡고 올라가고 있어요."

"야아아! 어르신네 정말 대단하시네요."

"아니 뭘요."

"어르신네, 꼭 완주하십시오."

"예에에, 고맙습니다. 잘 가시오."

"야아아! 완전히 인간승리 산할아버지네. 70세에, 70일 산행이라. 정말 대단하시네."

뛰는 놈 위에 나는 놈 있다더니 정말이지 의지가 대단하다.

아들은 그동안 힘들다고 투정부린 것이 미안한 모양이다. 일흔 살 할아버지의 도전 앞에서 그만 꼬랑지를 팍 내리고 만다.

"아빠, 지난 금요일 날 선생님이 내가 산 간다고 하니까, 너 고생 좀 하겠다고 하셨어. 그런데 애들은 산에 간다니까, '야! 좋겠다'고 하더라고. 왜냐하면, 토요일 날 수업을 안 해도 되니까."

"야, 너 저 할아버지 보고 뭐 좀 느낀 것 없냐?"

깃대봉이 눈앞인데 오르막은 계속이다.

아들은 이제 힘들어도 힘들다는 소리를 못한다.

일흔 살 할아버지의 70일 도전이 아들의 입을 막았다.

오전 10시 5분.

깃대봉(1,014.8m)이다.

북으로 덕유산, 남으로 백운산과 영취산 마루금이 한눈에 들어온다.

산 밑은 육십령을 지나는 26번 국도와 채석장이다.

"아빠, 나는 내리막이 좋아."

"나는 오르막이 좋다."

"왜?"

"올라가면 내려갈 수 있으니까. 너는?"

"에이, 모르겠어."

　오전 10시 25분.
　깃대봉 약수터다.
　물 컵이 가지런히 놓여 있다. 콸콸 쏟아지는 시원한 약수다. 물을 실컷 먹고 나니 기운이 난다.
　약수 2통을 배낭에 넣으니 묵직하다.

　오전 11시.
　전망바위를 지난다.
　나물 뜯는 사람들이 떼 지어 올라온다. 광주에서 관광버스를 타고 단체로 왔다고 한다. 이곳저곳 돌아다니면서 소리 지르고 난리법석이다.
　산은 인간의 등쌀을 묵묵히 참아낸다.
　속내의와 양말을 갈아 신었다. 세상으로 내려갈 준비를 마친다.

　오전 11시 20분.
　육십령이다.
　육십령은 경남 함양군 서상면과 전북 장수군 장계면의 도경계로서 26번 국도가 지나고 있다. 이곳은 장수에서 60리, 함양에서 60리이며, 조선 후기 순조 ~ 철종시기 세도정치와 삼정의 문란으로 농민들이 화적떼가 되어 이곳을 지나는 사람들에게 해를 입히자, 고갯마루 주막에 장정 육십 명이 모이면 무기를 들고 함께 이곳을 넘어갔다고 한다.

아들을 꼭 껴안았다.

"아빠는 늘 강철 같은 존재가 아닙니다. 신도 아닙니다. 잘 넘어지고 부러지고 때로는 물에 젖은 솜처럼 한없이 무너져 내리는 연약한 사람일 뿐입니다. 그러나 그가 두 팔을 올려 딸을 보듬고 아들을 안을 때는 다릅니다. 바로 그 순간 아빠의 팔은 굳센 강철이 됩니다. 힘, 용기, 사랑으로 가득 찬 신의 팔이 됩니다."

('고도원의 아침편지' 중에서)

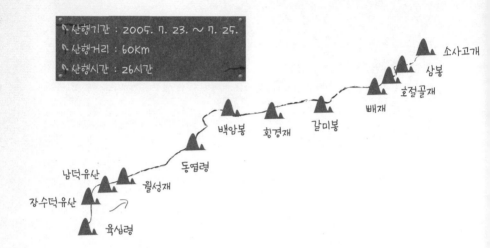

5코스

육십령 ~ 장수덕유산 ~ 남덕유산~ 월성재 ~ 동엽령 ~ 백암봉
~ 횡경재 ~ 갈미봉 ~ 빼재 ~ 호절골재 ~삼봉 ~ 소사고개

산행기간 : 2005. 7. 23. ~ 7. 25.
산행거리 : 60Km
산행시간 : 26시간

소사고개
삼봉
호절골재
빼재
갈미봉
횡경재
백암봉
동엽령
남덕유산
월성재
장수덕유산
육십령

아빠! 우리 119 부르자

"지수야, 아빠가 정말 미안하다."
"아빠, 괜찮아. 나도 끝까지 참아볼게."
아들이 울었다. 소리 내어 엉엉 울었다. 나도 울었다. 우리는 산속에서 엉엉 울었다.

중학교 3학년.
아들의 여름방학이 시작되었다.
"아빠, 나 머리 물들일 거야."
"얘가 노랑물 들인데요."
"야, 날도 더운데 그냥 빡빡 밀어라."
아들은 머리뿐만 아니라 안경테도 바꿨다.
이제 아들은 사춘기 터널에 들어서고 있었다.
"야, 이번 산행은 육십령에서 추풍령까지 5박 6일이다."
"아니, 뭐라고? 나 안 가. 절대 안가!"

"당신 너무 무리하는 거 아니야?"
"세상에 무리 안 하고 되는 있는 일이 어디 있어."

며칠 후 아들이 협상안을 들고왔다.
"5박 6일은 몰라도 2박 3일이면 갈 수 있어."
밀고 당기는 줄다리기 끝에 협상안이 타결되었다.
"그래, 그러면 그러자."

밤늦게 우의를 빌리러 철묵형을 찾아갔다.
그가 검정 비닐에 넣어둔 비옷을 건네준다.
"기도 좀 해주세요."
"아! 그럼요. 힘내세요. 파이팅!"
따뜻한 격려에 눈물이 핑 돈다.

첫째 날 : 육십령 ~ 삿갓재 ~ 월성치

7월 23일 대서(大暑)다.
24절기 중 가장 더운 날이다.
대전과 무주를 거쳐 장계택시를 타고 육십령휴게소다.

오천 원짜리 정글 모자를 샀다.
"야, 어떻냐?"
"응! 괜찮아."
"너도 하나 사줄까?"
"아니 괜찮아."
아들은 노랑머리를 자랑하려고 모자를 안 쓴다.
"야, 노랑머리 누가 보냐? 산에 들면 머리카락도 귀찮다."
"나는 그래도 괜찮아."
물 두 통을 담아 배낭에 넣으니 묵직하다.

오전 11시 25분.
도로는 바람 한 점 없다.
"아빠, 아스팔트에 계란도 익겠다."
"도로가 뜨끈뜨끈하다."
육십령 도로를 건너자 덕유산 입구다.

할미봉 가는 길.
땀방울이 떨어진다. 비 오듯 떨어진다. 줄땀이다.
아들이 털썩 주저앉아 물을 벌컥벌컥 들이킨다.
"야, 물 좀 아껴 먹어라."
이럴 때 시원한 수박에다 얼음 물 한 바가지만 먹었으면 소원이 없겠다.

낮 12시 50분.

할미봉(1,026.4m)이다.
고추잠자리가 떼를 지어 날아다닌다. 잠자리는 가을의 전령사다.
폭염(暴炎) 속에 가을이 잉태되어 있다.

산악회 사람들이 냉막걸리를 먹는다.
"야아아! 이 맛이야!"
쳐다보고 있노라니, 침이 꼴깍꼴깍.
'어디 좀 먹어보라고 그러면 덧나나.'
바라지 마라. 참는 것도 공부다.

오후 3시.
장수덕유(西峰) 오르막이 길게 이어진다.
얼굴과 팔에서 땀방울이 뚝뚝 떨어진다.
땀은 어디에서 와서 어디로 가는 걸까?
말없이 따라오는 아들이 대견스럽다.
허기가 진다.
"아빠, 우리는 먹을 거 없어?"
자유시간 한 개를 건네준다.
'산으로부터 자유로운 날은 언제일까?'

오후 5시.
장수덕유산(1,510m)이다.
장수덕유는 덕유산의 주봉인 향적봉을 중심으로 서쪽인 장수지역에 있다
고 해서 장수서봉(西峰)이라고도 부른다.
장쾌한 풍경 앞에 가슴이 확 트인다. 산안개가 자욱하다.
산바람이 온몸에 스민다. 바위에 드러누워 눈을 감는다. 그냥 이대로 누워
서 잠들고 싶다.
푸른 하늘 잠자리의 비행이 우주다.

오후 6시.

남덕유산(1,507.4m) 삼거리다.

장수덕유와 쌍벽을 이루는 형제봉이다.

아들이 징징대기 시작한다.

"야 인마, 남자가 좀 참을 줄도 알아야지."

땀을 많이 흘려서 그런지 얼굴에 소금기가 허옇다.

청년들이 건네주는 얼음물을 먹으니 숨통이 터진다.

돌길을 1시간여 걸어가자 월성치다.

월성치(1,240m)는 남덕유산과 삿갓재 중간 안부다.

2년 전 1차 종주 때 이곳에서 철묵형, 봉섭과 함께 월음령 두릅을 한 배낭 따다가 데쳐서 두릅과 소주를 신나게 먹던 기억이 되살아난다.

"야아아! 아저씨 대단하시네, 아들과 함께! 벌써 200km 올라오셨잖아요. 여기서 5분 정도 내려가시면 샘터가 있어요."

배낭을 내려놓고 아들과 함께 텐트를 치는데 모두들 부러운 눈으로 쳐다본다.

야영 준비를 끝내고 물통을 들고 계곡길을 10여 분 내려가자 물소리가 난다.

"야호! 샘터다. 아빠, 나 물 많이 먹을 거야."

아들은 물 세 바가지를 떠서 단숨에 들이킨다.

"휴우우! 이제 좀 살 것 같다."

"아빠, 산에서는 물을 목숨과도 안 바꾼대."

"누가 그래?"

"조금 전에 어떤 아저씨들이."

얼굴을 씻고 샘물을 들이켜니 속이 뻥 뚫린다.

쌀을 안치니 밥 익는 냄새가 멀리 퍼져나간다.
곰탕국을 끓이고 고추장, 검은 콩과 함께 식탁을 차렸다. 덕유산 산중 만
찬이다.
"야아아! 진짜 맛있다."
"아빠, 짱이다, 짱."

금세 어둠이 깔린다. 기온이 뚝 떨어진다.
아들이 몸을 움츠린다. 긴 소매 옷을 내어줬다.
"아! 따뜻해. 너무 포근해."
아들이 침낭 안으로 몸을 밀어 넣는다.
텐트 위로 북두칠성이 모습을 드러냈다. 아들이 밖으로 나갔다.
"아빠, 별이다, 별!"
"산에서는 별이 가까이 보여."

둘째 날 : 월성치 ~ 삿갓골재 ~ 동엽령 ~ 백암봉 ~ 횡경재 ~ 빼재

7월 24일 새벽 4시.
으스스 한기가 느껴진다. 산중은 벌써 가을이다.
소피를 보러 텐트를 열었다. 산안개가 얼굴에 스민다.

새벽 5시.
밥 익는 냄새가 산중에 퍼져나간다.
곤충들은 소리와 냄새에 민감하다. 밥을 향해 벌레들이 달려든다. 모기향
을 피우니 감쪽같이 사라진다.

새벽 6시 40분.
월성재 출발이다.
얼굴과 몸이 땀범벅이다.
전망바위에 걸터앉았다. 산안개가 깊은 운해다. 산바람 골바람이 명징하다.

"아빠, 여기서 한잠자고 갔으면 좋겠다."
"암(癌)도 낫게 하는 백두대간 바람이다."

아침 7시 30분.
삿갓봉(1,410m)이다.
서덕유 ~ 월성치로 이어지는 마루금이 아득하다.
"야, 진짜 멀리 왔다."
"어제 여기까지 왔으면 죽을 뻔했다."

아침 8시 15분.
삿갓재 대피소다.
국립공원관리공단 직영 대피소다.
주말이나 연휴엔 대피소 경쟁이 치열하다.
"아빠, 우리나라는 어딜 가나 경쟁이야."
아래 샘터에서 물을 넣고. 매점에서 라면과 자유시간을 샀다.

다시 무룡산으로 출발이다.

　무룡산 오르막은 야생화 천국이다. 키 작은 나무 사이사이 노란 색, 보라
색 풀꽃 천지다. 아들은 산꽃을 사진에 담느라 연신 셔터를 눌러댄다. 야생
화 촬영에 몰두해 있는 사진작가도 보인다.
　"엄마가 나 졸업할 때 저런 사진기 사준다고 했어."
　"무척 비쌀 텐데."
　"하여튼 사준다고 했어."
　"사진작가가 멋있냐?"
　"그럼, 아빠는 안 멋있어?"

　오전 10시 10분.
　무룡산(1,491.9m)이다.
　얼굴과 팔다리, 등줄기에 땀이 줄줄 흐른다.
　"아빠, 나 집에 가면 목욕탕 가야지."
　땀에 젖은 옷, 냄새나는 양말, 몸은 온통 땀투성이다.
　돌탑으로 향하는 길은 정글 숲이다. 길옆으로 수풀이 우거져 길이 보이지
않는다. 나뭇가지가 얼굴을 스치고 팔등을 할퀸다. 팔등이 찢어지면서 피가
난다.

아들은 바짝 붙어서 따라온다.

"아빠, 발톱이 아파."

"산에 오기 전에 발톱 좀 깎고 오는 건데."

오전 11시.

돌탑을 지난다.

젊은 사람이 신발을 수건으로 둘둘 감고 지나간다.

"아니, 왜 그래요?"

"신발 밑창이 떨어져 나갔어요."

옷은 싸구려도 괜찮지만 등산화는 최고로 좋은 걸로 사야 한다.

어제 남덕유산에서 슬리퍼를 신고 올라오는 젊은이를 만났다. 산에서 우쭐하는 자만심과 과시욕은 사고로 이어진다.

"젊다고 까불고, 산 많이 타 봤다고 까불고…… 까불지 마라. 까불다가 한방에 훅 간다."

"공부 좀 한다고 까불면 안 되지?"

"그럼, 진짜 고수들은 겸손하고 부드럽다."

동엽령으로 향하는 무명봉 안부다.

골바람이 파도치듯 쏴아아 밀려온다.

낮 12시 10분.

동엽령(1,260m)이다.

고개 밑은 칠연폭포와 용추계곡이다.

곧장 가면 백암봉과 향적봉이다.

"이제부터 빼재까지는 물 구경을 못한다."

"너는 여기서 배낭을 지키고 있어라."

샘터는 칠연폭포 쪽으로 400m 아래다.

페트병과 코펠 안에 물을 가득 담았다. 물이 많으니 부자가 된 기분이다.

다시 동엽령이다.

"아빠, 어떤 아저씨가 내 배낭과 아빠 배낭을 번갈아 들어보면서 야! 엄청 무겁네, 골병들겠다. 그러나 이것도 다 배우는 거다. 힘들더라도 아버지 끝까지 따라 다녀라. 그러면 나중에 큰 보람이 있을 거다. 힘내라 학생, 그랬어."
 아들이 으쓱한다.

라면 3개를 끓였다.
 정신없이 먹었는데도 배가 고프다.
 "아빠, 배 안에 거지가 들어 앉았나봐?"
 옆에 있던 극동산악회 아줌마가 밥을 2그릇이나 퍼준다.
 "학생, 거시기 하면 밥 좀 더 드시씨요, 잉."
 "와아아! 전라도 사람들 진짜 인심 좋다."
 우리는 얻은 밥을 라면 국물에 말았다. 라면밥이 마파람에 게 눈 감추듯
순식간에 없어진다.

백암봉 오르막이다.
 갑자기 하늘이 컴컴해진다. 비가 세차게 뿌리기 시작한다. 우의를 꺼내 입
고 배낭커버를 씌웠다.
 "아저씨, 오늘 빼재까지는 너무 무리인 것 같은데요."
 "아빠, 우리 그냥 향적봉으로 해서 곤돌라 타고 내려가자."

오후 3시.
백암봉(1,490m)이다.
향적봉(1,614m)과 횡경재 갈림길이다.
바로 앞이 덕유산 주봉인 향적봉이다.
백두대간은 횡경재로 방향을 틀어서 빼재로 향한다.
그러나 우리는 그냥 아무 생각 없이 나아갔다.

향적봉 밑 덕유평전에서 지도를 펼쳤다.
 "지수야, 잘못 왔다. 다시 백암봉으로 가자."
 "아휴! 벌써 30분이나 까먹었어. 나침반을 왜 안 가지고 왔어?"
 "야 인마, 너도 삼거리가 나오면 좀 살펴보고 그래라."

오후 3시 30분.
다시 백암봉이다.
빼재까지 13.3km, 약 6시간이다.
"아직도 6시간이나 더 가야 된다."
"그러면 밤 10시쯤 돼야 되잖아."
"고생 좀 되더라도 할 수 없다."
아들이 말없이 고개를 푹 숙인다.
긴 내리막을 뛰다시피 걸었다.

오후 5시.
횡경재다.
횡경재는 무주군 설천면 송계사와 거창군 북상면 백련사 갈림길이다.
송계사 쪽에서 아들 또래 학생 2명이 씩씩하게 올라온다. 그들은 오늘 밤 향적봉 대피소에서 잔다고 했다.
"애들이 용기가 대단하다. 놀러가지도 않고 산에 오다니, 정말로 대단한 애들이다."

오후 5시 30분.
지봉(池峰, 1,302.2m)이다.
얼굴에 흐르는 것이 땀방울인지 눈물방울인지. 우리는 서서히 지쳐가기 시작했다.
"아빠, 나는 백두대간 다시는 하고 싶지 않아."
"나도 목욕하고 시원한 냉막걸리 한잔했으면 소원이 없겠다."
"아빠, 이제 몇 시간 남았어?"
"4시간."
"아까부터 계속 4시간이야. 아빠, 우리 내일 아침 일찍 집에 가자."
아들은 안경에서 땀을 닦아내느라 정신이 없다.
아들 배낭에서 물통을 꺼내 내 배낭에 옮겨 담았다.

언제나 자식은 부모의 그림자를 보지 못합니다.

앞서가는 자식은 해를 거듭할수록 제 키와 몸피를 늘리며 하늘에 가까워지지만, 뒤에 처져 자식의 그림자를 밟고 가는 부모는 그만큼의 속도와 세월을 따라 땅속으로 꺼져가며, 디디고 선 지상의 공간을 좁혀갑니다. 앞서 걷는 자들은 늘 제 자신의 그림자를 밟으며, 따뜻한 시선을 등에 박아두고, 우직하게 버티고 서 있는 부모의 존재를 쉬이 잊어버립니다.

또한 자신의 성장보다 더 빠른 속도로 작아져만 가는 부모의 그림자를 알아채지 못합니다.

세월의 적막함과 생명의 쇠퇴, 소멸은 언제나 늦은 후회 뒤, 눈물 바람으로 떠난 자의 이름을 안타깝게 부른 후에야 절실하게 다가옵니다.

어찌 보면 이는, 앞서 걷는 자와 뒤에 남은 자의 어쩔 수 없는 숙명인지도 모릅니다.

(2003년 1월 9일, 〈오마이뉴스〉, '아버지가 세상을 이고 가는 법' 중에서)

오후 6시 5분.

월음령(달음재)이다.

월음령은 대봉과 지봉을 잇는 안부다.

두릅나무가 지천이다.

아들은 힘들다고 아우성이지만 갈 길은 아직도 멀다. 산행시간 11시간째니 악 소리가 날만도 하다.

령이나 재를 지나면 어김없이 봉이다.

오르막이 있으면 내리막도 있는 법. 대봉 가는 길은 급경사 오르막이다.

한 키가 넘는 풀이 앞을 가리고 땀이 비 오듯이 뚝뚝, 뚝뚝.

"아! 줄땀이다."

"지수야, 조금만 참아라."

아들은 목에 걸친 수건으로 얼굴의 땀을 연신 닦아내며 뒤따라온다.

오후 6시 45분.

대봉(臺峰)이다.

우리는 그냥 대자로 쭉 뻗었다. 풀 위에 드러누워서 눈을 감는다.

'아아아, 이대로 그냥 잠들고 싶다.'

산안개가 몰려와 산을 뒤덮는다. 전망은 없지만 산안개가 장관이다. 산안개에 실려 어둠이 밀려든다.

"아빠, 배낭만 없으면 날라 다니겠다. 백두대간 완주한 사람, 진짜 위대하다."

　"세상에 공짜는 없다. 너 공부하는 거나, 아빠 일하는 거나 마찬가지다."

　아들도 이제 조금씩 대간꾼이 되어간다.

　저녁 7시 20분.

　갈미봉(葛尾峰, 1,210.5m)이다.

　작은 표지석만 덩그러니 놓여있다.

　"아빠, 나 119 부르고 싶어. 이제 더 이상 못 걷겠어. 발톱도 아프고 발가락에서 피가 나."

　"아빠도 발뒤꿈치에서 피가 난다."

　"아빠, 이제 몇 시간 남았어?"

　"1시간 반."

　저녁 8시 30분.

　물은 떨어진지 오래고, 허기가 몰려온다.

　날은 점점 어두워지고 길은 끝이 없다.

　아들과 나, 모두 탈진상태다.

　아들이 랜턴을 잃어버렸다.

　한 개의 불빛에 두 사람이 의지한다.

　어둠은 깊고 불빛은 희미하다.

　시계 20%, 우리는 눈뜬 봉사다. 한 발, 한 발 길을 더듬는다.

　"푸스슥, 푸스슥."

　풀숲에서 무슨 소리가 들린다.

　순간 숨이 멎는다.

　"야! 고슴도치다."

　아들이 소리쳤다.

　고슴도치가 놀라 달아난다.

　고슴도치가 마치 큰 쥐 같다.

　져녁 9시 5분.

산행시간 15시간째다.

멀리서 찻소리와 사람소리가 들려온다.

"아빠, 나 119 부르고 싶다."

"야, 저기 찻소리가 들리잖아. 조금만 더 가면 돼."

가다가 쓰러지고 가다가 쓰러지고 몇 번이나 쓰러진다.

다시 우리는 풀숲에 대자로 드러누웠다. 이마 위로 별들이 반짝인다. 나도 모르게 눈물이 난다.

"지수야, 아빠가 정말 미안하다."

"아빠, 괜찮아. 나도 끝까지 참아볼게."

아들이 울었다. 소리 내어 엉엉 울었다.

나도 울었다. 우리는 산속에서 엉엉 울었다.

저녁 9시 15분.

철탑이 보인다.

정자에서 사람소리가 들린다.

드디어 빼재(신풍령)다.

빼재는 전북 무주와 경남 거창을 잇는 37번 국도가 지난다. 고갯마루 표지석에는 수령(秀嶺)으로 표기되어 있다. 수령(秀嶺)을 한글로 옮기면 빼재다.

아들을 껴안았다.

"아들, 해냈구나."

아들이 울먹인다.

"아빠, 고마워."

온몸에서 힘이 쑥 빠져나간다. 한 발도 움직이기 싫다.

발뒤꿈치가 몹시 쓰라린다.

갈증이 나고 배가 몹시 고프다.

사람소리 나는 곳으로 다가갔다.

빼재 정자각이다.

오십대 부부 여러 명이 둘러앉아 음식을 먹고 있다.

"선생님, 혹시 물 좀 있으면 주시겠습니까?"

"아니, 부자지간이요?"

"예."

"백두대간 하십니까?"

"예."

"아이고! 이 염천 더위에, 아 잡겠소. 그라면 우선 막걸리부터 한잔하소."

"아! 예에에."

시원한 냉막걸리 4그릇을 계속해서 꿀꺽꿀꺽.

도토리 묵 한 그릇도 통째로 내놓는다.

"야, 너는 이 주스 한 통 다 먹어라."

"아저씨, 고맙습니다."

"니는 몇 학년이고?"

"중학교 3학년입니다."

"하이고, 무시라. 니 참말로 대단하데이. 니 엄청 배고팠는가보데이. 천천히 먹어라. 언친데이."

이어서 라면과 콩국물, 옥수수, 토마토 등을 가득 가득 내놓는다. 우리는 땅바닥에 주저앉아 걸신들린 사람처럼 마구마구 퍼먹는다.

경남 거창군 고제면에 사는 동네 어르신네들께 인사를 올렸다. 아들과 함께 큰절이다.

"아이고, 와 이카는기요?"

"어른신들, 너무너무 고맙습니다."

"학생, 니도 공부 잘하고 아부지 잘 모시거래이."

"예, 아저씨."

"그래 잘 가거래이."

우리는 다시 깊은 절로 감사했다.

"지수야, 너도 나중에 어른이 되면 오늘 받았던 이 고마움 잊지 말고 다른 사람들에게 꼭 갚아야 한다."

"응, 알았어. 아빠, 나는 죽을 때까지 못 잊을 거야."

저녁 9시 40분.

빼재주유소 앞에 텐트를 쳤다.

도로 건너 산물로 샤워를 했다. 온몸의 피부가 좋아라 소리친다.

나는 발뒤꿈치가, 아들은 발톱이 까져서 피가 난다.

"야, 119 부르자고 난리치더니 이제 좀 괜찮냐?"

"아니, 아까는 진짜 죽을 것 같더라고."

아들이 빼재휴게소 대형 TV 앞에 앉았다.

인기드라마 '불멸의 이순신'이 나온다.

"죽기를 다해 싸우는 자는 살 것이요, 살려고 하는 자는 죽을 것이다. 용맹한 조선의 수군들이여! 한 놈도 살려 보내지 마라."

"야아아! 이순신 장군 멋있다."

텐트 안으로 모기 한 마리가 들어왔다. 모기향을 피워서 녀석을 내 쫓았다.

아들과 나란히 잠자리에 누웠다.

"아빠, 사람의 능력은 한계가 없는가봐."

"자신이 생각하는 만큼 할 수 있다."

"나 아까, 산에서 진짜 119 부르고 싶었어. 태어나서 이렇게 힘들기는 처음이야. 우리 내일 아침 일찍 일어나서 그냥 집에 가자."

"응, 알았다. 잘 자라……. 야, 누가 보는 것도 아닌데 젖은 팬티는 벗고 자라."

우리는 모두 벌거벗고 각자의 침낭 안으로 알몸을 밀어 넣었다.

아들이 금방 코를 곤다. 잠든 아들의 얼굴이 편안하다.

그 먼 길을 포기하지 않고 따라와준 아들이 대견스럽다.

셋째 날 : 빼재(신풍령) ~ 삼봉산 ~ 소사고개

새벽 4시 반.

새소리를 들으며 기상이다

아들이 산물로 세수를 하고 돌아왔다.

"아빠, 우리 집에 가자?"

"여기는 교통편이 좋지 않아서 다시 오기가 어렵다."

"한 구간만 더 가자."

"나는 죽으면 죽었지, 더 이상 못가."

한참동안 밀고 당기는 신경전이 벌어진다.

"그러면 돈 줄 테니까, 너 혼자 집에 가라."

"아빠는 언제 와?"

"내일 모레."

"여기서 승용차를 잡아타고, 거창이나 무주 쪽으로 가라. 그리고 거기서 대전까지 가면 된다."

아침을 먹고 배낭을 꾸린다. 부자 모두 아무 말이 없다.

그래도 헤어지기 전 기념촬영을 하고 아내에게 전화를 했다.

"지수를 꼬셔서 조금만 더 갔다가 와요."

아들에게 다시 협상안을 내놓았다.

"야, 그러면 기왕 왔는데 오늘은 4시간만 가자. 거기가 소사고갠데 거기서 버스를 타고 집에 가자."

아들의 얼굴이 금세 환해진다.

"알았어, 아빠."

극적인 협상 후, 분위기가 반전된다.

아침 8시.

소사고개로 출발이다.

급경사 절개지를 헉헉대며 오른다.

마음이 편하니 힘든 줄도 모르겠다.

고개를 올라서자 솔숲이 이어진다.

"아빠, 나 어제 죽는 줄 알았어. 지금까지 산에 다니면서 가장 힘들었던 것 같아. 그래도 나는 어릴 때 백두대간을 배웠다."

"백두대간이 뭔지 이제 조금 감이 오냐?"

수풀이 우거졌다. 한 치 앞이 보이지 않는다.
보이지 않는 길을 헤쳐 나간다.
몸은 땀투성이지만 마음은 가볍다.

오전 9시 45분.
호절골재 공터다.
장수하늘소, 굼벵이 몇 마리가 길에서 고물고물.
길옆에 구멍이 군데군데 나 있다.
"아빠, 저게 무슨 구멍이야?"
"매미 구멍이다."
"에이, 거짓말. 매미는 땅위에 올라와 겨우 일주일을 살다 가는데…….그
런데 거북이는 왜 그렇게 오래 사는 거야?"
"야 인마, 그걸 내가 어떻게 아냐. 하느님한테 물어봐라."
"매미는 짧고 거북이는 길다."
아들의 자문자답이 명언이다.

삼봉산 오르막 암릉구간이다.
얼굴과 팔등에서 땀이 줄줄줄.
"집에 가면 목욕탕에 가야지. 아마 때가 한 말은 나올 거야."

오전 10시 15분.
삼봉산(1,254m)이다.
소사마을이 한눈에 내려다보인다.
수십만 평 고랭지 채소밭이 펼쳐진다.
한여름 뙤약볕 아래 집과 밭이 한 폭의 풍경화다.

아들이 생라면에 스프를 뿌린다.
"야, 배고프더라도 조금만 참아라."
암릉 내리막 밧줄타기가 시작된다.
"야, 앞으로 조령산, 대야산 통과하려면 이 정도는 약과다."

삼봉산은 물이 없다.
기나긴 내리막 돌길이다.
고랭지 채소밭을 돌아드니.
오전 11시 50분.
드디어 소사고개다.
소사고개는 경남 거창군 고제면과 전북 무주군 무풍면을 잇는 백두대간
고개다.
"아빠, 우리 또 한 구간 해냈다."
마침은 언제나 악수와 포옹이다.
2박 3일 덕유산 고행이 끝나는 순간이다.

폐교된 소사분교와 부흥동을 지나자 도경계다.
버스 두 대가 엉덩이를 맞대고 나란히 서 있다.
한 대는 전북 무주, 한 대는 경남 거창 쪽이다.

아들이 무주 버스로 막 뛰어간다.

"야! 이제 살았다. 와아아! 에어컨 빵빵이다. 아빠, 우리 언제쯤 배낭 가볍게 메고 다닐 수 있을까?"

"글쎄다. 네가 고등학교 2학년쯤 되어야 될 게다."

아들은 가벼운 배낭을 메고, 당일로 다녀올 수 있는 소풍 같은 백두대간 산행을 기대하고 있다.

그날
너와 내가 둘이서 들길을 갈 때에는
신발 아래 풀잎들도 유난히 더 푸르렀다
질갱이도 쑥잎풀도 유난히 더 푸르렀다
너와 내가 둘이서 들길을 가던 그날
산은 강물에서 이제 새로 솟은 듯이
물방울을 흘리며 우리를 에워싸고
순이 네 몸에서도 안 보이는 물방울이 듣는 듯하였다
그날, 바람과 구름의 먼 옛날
우리 눈에 아직도 눈물이 없던 그날

(故 서정주 시인의 '그날' 중에서)

Step 둘.
세상에 공짜 없다

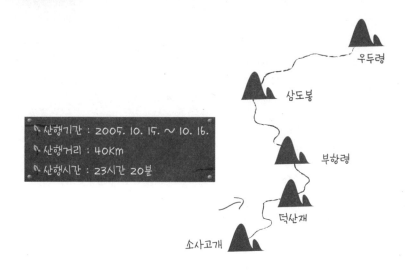

6코스 소사고개 ~ 덕산재 ~ 부항령 ~ 삼도봉 ~ 우두령

우두령

삼도봉

산행기간 : 2005. 10. 15. ~ 10. 16.
산행거리 : 40Km
산행시간 : 23시간 20분

부항령

덕산재

소사고개

부항령과 대간 귀신

눈을 떠보니 누가 밖에서 텐트를 마구 흔드는 것 같다.
아들도 잠에서 깨어나 "아빠, 밖에 누가 왔어" 한다.
나는 아들 손을 꼭 잡으며 가만있으라고 신호를 보낸다.

세상이 온통 강정구 발언과 검찰총장 사표 문제로 들끓던 날, 나는 거창 소사고개로 향하는 시골버스 안에서 〈한겨레신문〉의 도종환 칼럼을 읽으며 눈시울이 붉어졌다.

그해 유월 여름, 햇살처럼 여론도 따갑게 끓어오르던 그날!
나는 교무실에서 성적표를 쓰고 있다가 다섯 명의 건장한 경찰들에 의해 끌려가 구속되었다. 벌레가 기어 다니는 마룻장 날바닥에 앉아 밥을 먹었고, 변이 직접 내려다보이는 변기통 위에 앉아 하루 세 번 식기를 닦았으며, 사회적 이름을 빼앗긴 채 가슴에는 수인번호 376번이 달려있었다.

검찰에 불려갈 때마다 거미줄에 날개를 묶인 곤충처럼 포승줄로 결박당하였다. 반말로 이름을 부르고 내 시집 제목을 거론하며 비웃어대고……

그런 수치심과 모멸감을 견디는 것보다 더 마음 아픈 것은 밖에 두고 온 자식들이었다. 아들이 처음 배운 글씨로 편지를 써 보냈을 때는 정말 많이 울었다. 남의 자식 바르게 가르치자는 일로 바쁘게 뛰어다니다가 내 자식에게는 글씨 한 번 가르치지 못하고 감옥에 들어와 있는데 자기 혼자 배워서 쓴, 서툴고 비뚠 글자 하나씩을 보며 가슴이 찢어지는 것 같았다……

재판을 받는 날 어린 딸은 놀이터에 나가 놀다가 팔이 부러졌고 뼈가 조각조각 나서 오래 고생하였다. 내가 구속되면서 우리 집안도 나도 그처럼 조각조각 났다. 그 사건으로 내가 대법원에서 받은 최종 판결은 벌금 30만 원형이었다. 자동차 접촉사고를 내도 벌금 30만 원은 더 나오는 경우가 있다. 그러나 나는 구속되었고 학교에서 해임되었으며, 법적 인정을 받고 다시 복직할 때까지 10년간 해직교사로 살아야 했다.

(2005년 10월 18일자, 〈한겨레신문〉, '도종환 칼럼' 중에서)

"아빠, 눈이 빨개."
"야, 엊저녁에 먹은 술이 덜 깨서 그런다."
"아닌 것 같은데?"

오전 10시.
무주 덕지리행 시골버스 안에서 가을 들녘을 바라보고 있는 아들의 모습이 수도승 같다.

버스는 설천과 무풍을 지나 전북 무주의 맨 끄트머리에 우리를 내려놓았다. 새로 산 큰 배낭을 메고 성큼성큼 걸어가는 아들의 모습이 어른스럽다.
"짜아식, 처음엔 죽겠다고 난리치더니 이제는 대간꾼 다 됐네."
지난여름 2박 3일 덕유산 산행 이후 아들은 참으로 조용해졌다.

오전 11시 35분.
도경계를 지나 소사고개 가겟집이다.
"아주머니, 물 좀 얻을 수 있을까요?"
"물이 안 나와요."
"어디 물 좀 얻을 데 없을까요?"

"저 너머 농장집에 가보세요."

한참을 가자 길 옆으로 마을이 나타난다.
샛길로 빠져 큰집으로 들어가자 둥굴레 농장이다.
진돗개 두 마리가 집을 지키고 있다.
수돗가에서 물을 넣고 라면을 끓였다.

잠시 후 주인이 나타났다.
"이거 죄송합니다. 허락도 없이 물을 넣었습니다."
"아니 괜찮습니다. 어디서 오셨어요?"
"강원도 원주에서 왔습니다."
"저도 얼마 전에 동네사람들 하고 설악산 갔다 왔어요. 쪼매만 기다리세
요."

주인은 밝은 표정으로 집안으로 들어가더니 고봉밥 한 그릇과, 사과 네 개,
라면 두 개를 들고 나온다.
"이거 많이 잡수시고 산행 잘 하세요."
"아이고 선생님, 이거 미안해서 어쩝니까?"
"개안심더. 학생 아부지 모시고 잘 가거래이."
"훗날 꼭 한 번 찾아뵙겠습니다."
조건 없이 베푸는 사랑은 감동을 준다.
둥굴레 농장 아저씨의 따뜻한 사랑이다. 오래도록 고마운 마음이 물결쳐
온다.
"아빠, 우리 둥굴레 농장 아저씨 도와줄 일 없을까?"
"너도 꼭 기억해 두렴. 언젠가 도와줄 일이 있을 거다."

둥굴레 농장을 떠나 삼도봉으로 향한다.
처음부터 오르막이다. 가쁜 숨을 몰아쉰다.
꿀 사과를 쪼갰다. 먹으면서도 침묵이다.
침묵은 세속을 떠나 산으로 드는 최소한의 예의다.

긴 오르막이다.
얼굴과 등에서 땀이 촉촉하게 배어나온다.
산길은 억새풀과 잡목이 잘 어우러져 있다.
가을 산은 오로지 바람소리뿐이다. 세속은 소음으로 가득하지만 산은 고
요하다.

오후 2시 35분.
삼도봉(초점산, 1,248.7m)이다.
억새풀이 바람에 흔들린다. 억새풀 사이로 가을 햇살이 눈부시다.
삼봉과 덕유산, 지리산이 한 줄로 이어진다.
억새풀과 파란하늘 사이로 풀벌레가 뛰어오른다.
길 따라 배낭을 메고 내려오는 아들이 영화배우다.

싸리나무와 산죽나무 군락이 길을 막는다.
"아빠, 한여름에는 팔과 얼굴 엄청 긁혔겠다."
"통행세 안 내고 지나가다가 혼난 사람 많을 거다."

오후 3시 30분.
대덕산(1,290m)이다.
대덕산은 흙산이다.
억새풀이 눈부시다.
가을 산은 적막하다.
이제 단풍은 산 밑으로 내려갔다. 단풍은 내년 봄, 꽃이 되어 다시 올라올
것이다.

오후 4시 10분.
사람을 만났다.
젊은 청년이다.
"덕산재에 인삼 파는 가게가 생겼어요."
"거기서 물을 구할 수 있습니다."
오늘 저녁 물 걱정은 덜었다.
길 따라 내려가니 얼음골 약수터다.
갈수기라 수량이 적으나 목을 축이기에는 충분하다.
아들이 물 한 모금 마시고 하늘을 쳐다본다.
"와아아! 구름이 엄청 빨리 움직이네. 단풍도 멋있네."
대간 품속에서 아들은 시인이 되어간다.

오후 5시 10분.
꼬부랑길을 한 시간 정도 내려오니 덕산재다.
기온이 뚝 떨어지면서 으슬으슬 한기가 든다.

아들은 국도를 지나는 승용차를 보더니 집 생각이 나는지,
"아빠, 여기서 얼마나 가면 마을이 나와?"
"야 너, 집 생각 나냐?"
"아, 아~니!"

대덕산 산삼가게 화장실이다.

"아빠, 여기만 들어와도 엄청 따뜻하다."
세면대에서 물을 받아 저녁밥을 짓는다.
"야, 뚜껑위에 올려놓을 돌 좀 구해와라"
아들이 어디서 주먹만한 돌 한 개를 들고 온다.
"야, 짜샤! 너 머리통만한 걸 가져와야지 이게 뭐냐?"
아들은 배가 고픈지 계속 뚜껑을 열었다 닫았다 한다.
덜 익은 밥이지만 곰탕과 함께 먹으니 꿀맛이다.
어둠이 찾아들자 산속 기온이 뚝 떨어진다.
"아빠, 빨리 집에 가고 싶다."
대덕산 위로 떠오른 둥근달을 보니 엄마생각이 나는가 보다.

오후 6시 20분.
페트병 4개에 물을 담아 배낭에 넣으니 묵직하다.
내일 우두령에 도착할 때까지는 샘터가 없으니 어쩔 수 없다.
출발하려고 발을 내딛는데 다리가 휘청한다.
"지수야, 너도 배낭에 물 한 병 담아라."
"응, 알았어."
부항령 가는 산길 위로 달빛이 부서진다. 하늘은 온통 반짝이는 별 천지다.
밤길에 수풀이 우거지니 몇 번이나 길을 놓치고 헤맨다.

저녁 7시 10분.
폐광 터를 지나자 볼멘소리가 터져 나온다
"아빠, 배낭도 무겁고 자꾸 잠이 와."
"앞으로 2시간은 더 가야 돼."
나는 모른 체하고 속도를 높인다.
아들은 저만치 뒤쳐져서 계속 따라오다가 내가 안 보이면 가끔씩 "아빠아
아~! 어디야~" 하고 소리 지른다.
"야! 여기다~. 여기! 빨리 와~~~~."

저녁 8시.

다리도 아프고 어깨도 아프고 눈꺼풀이 무겁다.

배낭이 무겁다는 느낌이 들면서 한꺼번에 피로가 몰려온다. 그만 털썩 주저 앉고 싶다.

'그러나 나를 믿고 따라오는 아들이 있지 않은가!'

저녁 9시 15분.

드디어 부항령이다.

찬바람에 수많은 대간 표지기가 펄럭인다.

무거운 배낭을 내려놓으며 하늘을 쳐다보니 눈 속으로 별빛이 쏟아져 들어 온다.

아들과 함께 텐트를 치는데 이제는 제법 거들 줄 안다.

"아빠, 조금 있으면 얼음 얼겠다."

온몸이 으스스하며 진저리가 쳐진다.

그래도 텐트 안은 훨씬 따뜻하다.

침낭 속으로 들어간 아들은 "아아아! 따뜻해" 하며 다리를 펴더니 금방 잠 이 든다.

텐트 밖은 바람소리, 낙엽지는 소리뿐…….

백두대간의 가을은 깊어져 가고 있었다.

새벽 1시.

텐트가 엄청나게 흔들린다.

눈을 떠보니 누가 밖에서 텐트를 마구 흔드는 것 같다.

아들도 잠에서 깨어나 "아빠, 밖에 누가 왔어" 한다.

나는 아들 손을 꼭 잡으며 가만있으라고 신호를 보낸다.

순간, 누가 텐트 주변을 빙빙 돌고 있다는 느낌이 든다.

흐으읍……. 숨이 멎고 온몸이 긴장되면서 머리카락이 곤두선다.

생즉사, 사즉생! 에라 모르겠다 하고 용기를 내서 랜턴을 켜는 동시에 "어 험!" 하고 인기척을 내자 금방 고요해진다.

"아빠, 누구야?"

"짐승인가, 귀신인가?"

"전번 만복대 지나올 때도 그랬는데."

백두대간 부항령 하늘을 맴도는 중음신인가?

'원혼이여! 이제는 이승에 맺힌 한을 풀어놓고 부디 영면하소서!'

새벽 2시.

아들은 잠에서 깨어나 빨리 가자고 보채다가 오줌 누러 밖에 나가더니 달이 엄청 밝다고 소리친다.

"아빠, 문 열어놓고 있어."

"야, 겁나냐?"

"아, 아니."

"짜아식, 겁나면서도……."

새벽 3시.

침낭 밖으로 나오니 한기가 엄습해 온다.

텐트에서는 물이 뚝뚝 떨어지고, 페트병에는 살얼음이 얼었다.

새벽 4시.

막 출발하려는데 "아우~. 아우우우~" 하는 산짐승소리가 가까이서 들려온다.

그러나 이제는 만성이 돼서 그런지 산짐승소리는 무섭지 않다.

새벽 4시 30분.

전망바위 갈림길에서 그만 길을 잘못 들었다.

길을 잃고 헤매다가 가시덤불 속으로 들어갔다. 얼굴을 긁히고 손에는 가시가 박혀 피가 줄줄 흐른다.

"아빠, 손에 피가 많이 나. 이제 어떡하지?"

"이제부터 왔던 길로 다시 되돌아간다."

"왔던 길이 어딘지도 잘 모르잖아."

"괜찮다. 곧 날이 밝는다."

새벽 5시 반.

겨우 길을 다시 찾아 전망바위로 돌아오니 기운이 빠져나감과 동시에 추위가 엄습해온다.

몹시 춥다. 이빨이 덜덜 떨린다.

덧옷을 벗어서 아들한테 건넸다. 그러나 아들은 "아빠, 나는 괜찮아" 하면서 도로 건네준다.

"괜찮다. 네가 입어라."

"아빠, 고마워."

새벽 6시.

산 능선 주위가 희뿌옇게 밝아오기 시작한다.

무명봉 안부에서 쌀을 안치고 미역국을 끓이는데 밥 냄새, 국 냄새가 기가막히다.

밥 냄새, 국 냄새에 침이 꼴깍꼴깍…….

이럴 땐 소주 한잔 생각이 절로 난다.

새벽 6시 반.

드디어 아침 해가 환하게 떠오른다.

아침 7시 20분.

암릉과 잡목지대를 지나고 1170봉이 바라보이는 무명봉 바위에 걸터앉아 찹쌀떡을 나눠먹으며 지리산, 덕유산, 대덕산으로 이어지는 대간 마루금을 넋을 놓고 바라본다.

산속 아침공기는 정말 시원하고 달다.

백두대간 피톤치드 효과다.

발목까지 쌓인 낙엽 길을 신나게 걸어간다.

"우리가 걷는 이 길이 경북과 충북의 경계지점이다."

"어디 지도 좀 봐."

5만분의 1 지도와 나침반을 놓고 독도법을 가르쳤다.

"초등학교에서 보이스카우트할 때 배웠어."
"그러면 다음부터 너가 나침반 가지고 다녀라."

아침 8시 45분.
1170봉이다.
산과 산이 마치 바다처럼 아스라이 펼쳐져 있고, 산 주변은 온통 물감을 들인 듯 벌겋다.
멀리 삼도봉과 민주지산 석기봉이 한눈에 들어온다.
산에서 보면 인간은 참 보잘 것 없다. 어찌 보면 낙엽보다도 못한 것 같다.
나는 산에서 소리를 지르지 않는다. 아들은 가르쳐 주지 않아도 스스로 안다.

오전 9시 10분.
억새풀과 어우러진 나무계단 길이 참 멋지다.
"야아아! 풍경 너무 좋다. 여기서 영화 찍으면 참 멋있겠다."
"엄마가 나 졸업할 때 사진기 사준다고 그랬어."
"야, 너 사진작가 되려고 그러냐?"
"우리학교 선생님 중에도 산 사진 전문으로 찍는 분이 있어."
아들과 꿀 사과를 나눠먹으며 디카로 기념사진 찰칵!

오전 10시.
삼도봉 가는 평탄한 길이 계속된다.

길이 너무도 평탄하니 겁이 덜컥 난다.

'이러다가 갑자기 오르막이 나오는 것 아니야?'

"아빠, 삼도봉은 길이 세 개야?"

"야, 길이 아니고 도가 세 개라는 거야."

"나는 '길 도자'인 줄 알았는데."

오전 10시 45분.

삼도봉(1,172m)이다.

'삼도 대화합의 장을 열면서 소백산맥의 우뚝 솟은 봉우리에 인접 군민의 뜻으로 이 탑을 세우다.'

(영동군·무주군·금릉군)

탑 주변은 인근 물한리나 해인리 쪽에서 올라온 사람들로 법석인다.

민주지산과 석기봉이 지척이다.

민주지산은 《동국여지승람》에 백운산으로 표기되어 있으며, 공수부대 동계훈련 중 혹한으로 대원 십여 명이 동사한 아픈 기억이 있는 곳이다.

"얘는 참 착하네…… 우리집 애들은 말 안 들어요."

"아, 참! 부럽네요."

그러나 나는 가족이 모두 함께 올라온 그들이 더 부럽다.

낮 12시 반.

얼굴을 할퀴고 배낭을 잡아채는 잡목지대와 1123봉을 지난다. 이제는 경치고 뭐고 빨리 밥 먹고 내려갔으면 좋겠다는 생각이 간절하다.

그래도 밥 먹을 때가 제일 즐겁다.

라면을 끓이고 식은 밥을 말아서 남은 반찬을 모두 내어놓고 아낌없이, 남김없이 후루룩 쩝쩝……

물도 한 병만 남겨놓고 꿀꺽꿀꺽……

금강산도 식후경이라고 먹고 나니 살 것 같다.

이제는 짐도 가볍고, 몸도 가볍다. 이제 마지막 4시간 남았다.

지나가는 아줌마가 주먹을 쥐고 "아들, 파이팅!" 한다.
그녀의 격려에 힘이 솟는다.
"응, 알았어."
암릉지대, 1089봉, 그리고 수많은 봉우리를 넘고 넘는다. 이제는 오르막이 있으면 있는가 보다, 내리막이 있으면 내려가다가 또 올라가겠지 하고 그저 묵묵히 걷기만 할 뿐 오직 쳐다보는 것은 시계뿐이다.

오후 2시 30분.
1175봉이다.
이번 산행의 압권이다.
오늘 지나왔던 길이 한눈에 들어온다.
"아아아~ 가을이여! 대간이여! 하늘이여!"

암릉지대다.
줄은 매어져 있지만 거의 90도 직벽이다.
줄을 타고 내려오는 아들의 몸짓에 숨이 멎는 듯하다.
"야! 조심해"

나무뿌리를 딛는 아들의 발이 떨린다. 순간 소름이 확 끼치면서 가슴이 철렁한다.

"휴우우~~~ 살았다."

"그래, 정말 잘해냈다."

백두대간은 이렇듯 아들을 담대하게 만들어간다.

가파른 잡목지대는 아주 진을 빼놓는다.

그래도 서걱거리는 산죽 숲을 헤치고 나가는 재미도 있다.

쏴아아~. 불어오는 바람에 낙엽이 우수수 떨어진다.

내리막 다음엔 반드시 오르막이 있기 마련이다.

"아빠, 이제는 오르막 없지?"

"그래."

"진짜 내려가는 거지?"

아들은 이제 지친 기색이 역력하다.

지금 아들은 포근한 집과 인터넷을 생각하고 있을 게다.

나는 목욕탕과 삼겹살 그리고 소주 한잔이 그리워진다.

오후 3시 20분.

화주봉(1,207m)이다.

오늘의 최고봉이다.

산행시간 12시간째, 이제는 진짜 드러눕고 싶다.

산 능선과 운해, 그리고 불타는 단풍은 육신의 고통을 멎게 하는 백두대간 진통제다.

찻소리가 가까이 들려온다. 아들의 표정이 밝아진다.

오후 4시.

산에서 대덕택시를 불렀다. 우두령에서 기다리라고 한다.

"아빠, 택시비 얼마야?"

"3만 5천원."

"야! 엄청 비싸다."

"백두대간 완주하려면 약 천만 원 정도 든다."

오후 4시 40분.
우두령이다.
아들을 껴안았다.
"김지수, 파이팅!"
"아빠, 최고야."
눈시울이 뜨거워지면서 온몸에서 기운이 샘솟는다.
택시를 타고 굽이굽이 산길을 달려 내려오자 김천 시내다.

밤 9시.
영주역이다.

역 앞 식당에서 냄비우동과 스페셜 떡볶이를 시켰다.
"야, 아빠 얼굴 새카매졌지?"
"좀 그래. 아빠, 나는 어때?"
"새끼, 너도 똑같아 인마."

영주에서 제천까지는 기차로, 제천에서 원주까지는 콜밴으로······.

"아빠, 교통비 엄청 든다."
"세상에 공짜 없다."

7코스 우두령 ~ 황악산 ~ 궤방령 ~ 추풍령

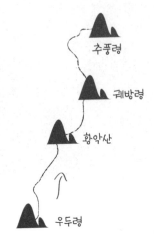

추풍령

궤방령

황악산

우두령

산행기간 : 2006. 2. 17. ~ 2. 18.
산행거리 : 24Km
산행시간 : 13시간 반

칼바람, 봄바람

밋밋한 오르막 내리막이 계속되면서 몸이 풀리자 온몸이 나른해지고 졸음이 몰려온다.
그런데 가성산 오르막길에 들어서자 갑자기 찬바람이 몰아친다. 정신이 번쩍 난다.

바람은 쇳소리를 내며 칼을 갈고 있었다.
나무를 만나면 나무를 베고,
능선을 만나면 능선을 갈아낼 듯 살벌했다.
차가운 바람은 산에게 호통치고 있었다.
내어놓아라, 내어놓아라, 모두 내어놓아라.
산은 벌벌 떨고 있었다.
대단한 추위였다.

(2006년 2월 9일자, 〈경상일보〉, '백두대간 마루금에 서서' 중에서)

백두대간 시작할 때 중학교 2학년이었던 아들은 이제 고등학교 입학을 앞두고 있다.

지금까지 걸어온 백두대간 마루금만큼이나 아들은 쑥쑥 커가고, 아비는 차츰 늙어간다.

이번 구간은 아들의 중학교 졸업기념 산행이다. 그런데 가는 날이 장날이라고 기상청 예보에 강풍과 함께 기온이 큰 폭으로 떨어지겠다고 한다. 아내는 춥다고 걱정, 눈이 많이 쌓였다고 걱정이다.

그러나 세상 모든 일에는 때가 있는 법, 그래도 봄은 이미 문 앞에 와있다.

새벽 6시.
문밖을 나서니 추위가 엄습한다.
대전 ~ 옥천 ~ 영동 ~ 황간을 거쳐 상촌면 임산리에 도착하니 오전 11시다.

상촌 개인택시 기사 전용철 씨가 추천한 밥맛 좋고 인심 좋은 하나네 왕퉁갈비 식당에 들어가니 연탄난로 주전자에서 보리차 물이 펄펄 끓는다.

아들이 좋아하는 된장찌개를 시켜놓고 난로 옆에 앉았는데 식당 주인이 다가와서 마을 소개를 한다.

"저도 산을 좋아해서 상촌산악회 총무를 맡고 있습니다. 여기는 민주지산 산행하는 분들이 많이 옵니다. 민주지산은 수년전 특전사 동계훈련 중 혹한으로 공수부대원 10여 명이 동사했던 곳으로 세상에 널리 알려지게 되었습니다. 지금은 특전사와 영동군 상촌면이 자매결연을 맺고 매년 한 번씩 민주지산에서 위령제를 지내고 있고, 특전사 대원들은 우리 마을에 자주 찾아와서 농사일을 거들어 주고 있습니다."

오전 11시 반.
우두령 가는 길.
택시기사의 마을 소개가 시작된다.
"충북 영동은 인구 5만의 산골마을입니다. 호도, 포도, 곶감으로 유명하고 마을 인심도 그만입니다. 백두대간 우두령 밑 설보름 마을은 하도 눈이 많이 와서 설 쇠러왔다가 보름 쇠고 간다고 해서 붙여진 지명입니다."

오전 11시 50분.
우두령이다.
우두령은 경북 김천시 대덕면과 충북 영동군 상촌면을 잇는 901번 지방도가 지나는 큰 고개다.
휘몰아치는 강풍에 몸이 흔들린다. 손발이 쩍쩍 얼어붙는 혹한이다.
두꺼운 장갑을 끼고, 귀마개를 하고, 신발 끈을 단단히 고쳐맸다.
능선위로 올라서자 칼바람이 쉭이익~ 쉭 소리를 내며 얼굴과 머리를 마구 때린다.
머리는 시리다 못해 아프다. 머리가죽이 벗겨지는 듯하다.
옷에 달린 모자를 떼어내어 아들 머리에 씌워주고, 나는 아픈 머리를 한손으로 움켜쥐고 한 발, 한 발 올라간다.
"아빠, 왜 이럴 때 와가지고 그래?"
"야, 그냥 따라와. 암말 말고."
집에 두고 온 빵떡모자 생각이 간절하다.
'그냥 내려가 버릴까?'
내려가자는 마음과 올라가자는 마음이 요동친다.
볼과 턱이 얼어붙으니 입이 벌어지지 않는다.
백두대간은 이렇게 우두령 칼바람으로 우리 부자를 맞이했다.
쌓인 눈은 무릎까지 올라오고 눈 위로 산짐승 발자국이 이어져 있다.

그러나 양지쪽 낙엽 밑에는 파릇파릇한 새싹이 올라
오고 있다.

낮 12시 50분.
986m봉(삼성산)이다.
김천 시내가 한눈에 들어온다.
"아빠, 이제 귀마개 필요 없잖아."
"조금 가면 또 춥다. 갈 길이 멀다."
잡목 사이로 산짐승 발자국이 쭉 이어져 있다.
이젠 눈이 발목까지 푹푹 빠진다.
쉬이익~. 쉬이익~. 쏴아아~.
칼바람 소리가 파도소리다. 입이 얼어붙어서 말도 안 나온다.
눈 쌓인 대간 마루금 위엔 아들과 나 둘뿐이다.

오후 1시 50분.
바람재 임도가 지나는 통신탑이다.
눈 쌓인 임도 위를 아들이 껑충껑충 뛰어간다.
뛰어가는 모습이 한 마리 산노루다.

오후 2시 10분.
바람재다.
바람이 얼마나 세차게 불었으면 바람재라고 했을까?
바람재를 중심으로 도가 나뉜다.
겨울바람은 충청도(영동)에서 경상도(김천)로, 여름바람은 경상도에서 충청
도로 분다.

형제봉 긴 오르막이다.
잠시 휴식이다. 가쁜 숨을 몰아쉬며 자유시간으로 허기를 때운다.
눈 쌓인 산마루에 아비와 아들이 앉아있다.
지금 아들은 무슨 생각을 하고 있을까?

아마도 따뜻한 집 생각이 간절할 게다.

오후 3시.
칼바람 씽씽 부는 형제봉이다.
나신으로 칼바람에 맞서는 나무의 모습이 비폭력 무저항으로 대영제국에 맞서는 간디를 닮았다.
눈은 무릎까지 빠진다.
칼바람을 막아주는 잡목 숲 밑을 지난다. 졸음이 폭포처럼 쏟아진다.
고개를 흔들어 졸음을 쫓아낸다.

오후 3시 30분.
오늘의 최고봉 황악산(1,111m)이다.
대간 선배가 말한 '와리바시(젓가락)산'이다.
돌무덤 사이로 태극기가 바람에 휘날린다.
사방이 트이고 지나온 길과 나아가야 할 길이 뚜렷하다.
산 밑으로 직지사 전경이 한눈에 들어온다.
직지사는 어미닭이 알을 품고 있는 형상이다.
수첩과 볼펜을 꺼내들자 손이 쩍쩍 달라붙는다. 손이 시리고 아프다.
살 속을 후벼 파는 거센 칼바람에 서 있기조차 힘들다.
"아빠, 여기는 우리 사진 찍어줄 사람도 없어."
그래도 기념사진은 남겨야지 서로서로 찰칵!

홀로 있을수록 다른 사람들과 함께할 수 있는 그런 포용력,
따뜻한 가슴이 있어야 합니다.
왜 혼란스럽고 불안한가?
따뜻한 가슴이 없기 때문입니다.
글을 쓰든, 사진을 찍든, 농사를 짓든
하는 일이 무엇이든 간에
그 일이 이웃에 덕이 되어야 합니다.

(2006년 2월, 법정스님의 '동안거 해제 법문' 중에서)

오후 4시.

운수봉 급경사 빙판길이다.

낙엽 밑으로 얼음이 깔려 있다.

아이젠을 꺼내서 아들의 발에 끼웠다.

"야, 다음부터는 너 혼자 해라."

"응, 알았어. 나도 할 수 있어. 이렇게 하면 되는 거지?"

고기를 잡아주지 말고 고기 잡는 법을 가르쳐 주라고 했던가.

나뭇가지를 잡으며 30여 분 내려오자 직지사 삼거리다.

오후 4시 반.

직지사, 여시골산, 황악산 갈림길이다.

대간 길은 황악산에서 여시골산으로 이어진다.

그러나 우리는 직지사 길로 내려선다.

마루금에서 한 발 비켜나자 적막강산이다.

"와아! 바람만 안 불어도 살 것 같다."

얼었던 볼과 턱이 녹으면서 근질근질하다.

운수암(雲水庵)이다.

암자 입구까지 포장이 되어 있다.

암자는 사람 접근이 어려워야 스님들 수도하기에도 좋을 텐데…….

계곡 물소리를 들으며 호젓한 산길을 걸어가고 있노라니 온몸에 피로가 밀려온다.

백련암(白蓮庵)을 지나자 직지사 대웅전과 행자 수련원이 나타난다.

"황악산 직지사(直指寺)는 신라에 불교를 전한 고구려의 아도화상이 418년에 창건한 사찰로서 그가 구미 금오산에서 이 절터를 손가락으로 가리켰다고 해서, 또 다른 설로는 936년 고려 태조 때 능여대사가 절을 확장하면서 손으로 측량하였다고 해서 직지사라고 부른다.

직지사에는 사명당의 영정이 보관되어 있으며, 석조여래좌상과 대웅전 그리고 비로전 앞 3층 석탑, 삼존후불탱화가 보물로 지정되어 있다.

또한 고려 초 경잠대사가 16년간에 걸쳐 경주 남산 옥돌로 만들었다고 하는 비로전 천불은 제각각 표정이 다른데, 그 중 알몸 동자상이 하나 있으며, 참배객이 불당에 들어섰을 때 첫눈에 이 불상을 찾아내면 아들을 낳는다고 한다."

직지사 길을 따라 내려가며 절에 얽힌 이야기를 해주었지만 아들은 그저 듣는 둥 마는 둥 어디 가서 빨리 밥 먹고 쉬었으면 하는 표정이다.

하긴 '금강산도 식후경'이다. 가까운 식당에 들어가 산채 백반에 동동주 한 병을 시켰다. 아들에게 동동주 한 사발을 따라주었다.

"야, 오늘 수고했다. 시원하게 한잔 마셔라. 어른하고 먹을 때는 고개를 돌리고 고요하게 마셔라."

아들의 목울대가 벌렁벌렁 한다.

아들은 이날 처음 아빠가 따라준 동동주를 마셨다.

이어서 산채나물에 밥 두 그릇을 비볐다.

민박집이다.

방 안에 들어와서 이불을 펼쳐놓고 방구들이 덥혀지기를 기다리며 핸드폰을 켜자 수많은 격려 메일이 와 있다.

따뜻한 격려에 코끝이 찡하다.

저녁 8시 반.

방구들이 따스해져오자 아들의 눈이 가물가물해진다.

"아빠, 빨리 자자."

"그래. 내일 아침은 4시에 기상이다."

아들의 코고는 소리, 창문 밖 바람소리를 들으며 꿈나라로……

다음날 아침, 기상상황을 알아보니 추풍령은 영하 9도에 강풍이 몰아치겠으며, 산속 체감온도는 영하 15도라고 한다.
오늘은 장장 8시간을 걸어야 하는데 걱정이다.
따뜻한 물에 머리를 감고, 서로 옷을 바꿔 입었다.
"야, 오늘 되게 춥다는데 너 잘 갈 수 있겠냐?"
"그럼 가야지. 걱정하지 마. 내복까지 입었는데 뭐. 8시간만 가면 되지?"
화장실 안에서 밥을 하고 곰탕을 끓였다. 밥을 먹는데 심신이 편안해지면서 순간 행복한 느낌이 든다.

새벽 5시 반.
민박집 아줌마의 배웅을 받으며 다시 출발이다.
직지사 입구에 이르자 매표소 아저씨가 우리를 불러 세우더니 "어제 저녁에 두 사람이 걸어 내려가는 것을 봤는데 나는 무슨 특수부대 사람들인가 했어요. 거, 너무 힘들게 다니지 말아요"라고 하면서 표 끊지 말고 그냥 들어가라고 한다.
"아빠, 우리 공짜로 들어왔다."
"공짜 좋아하지 마라. 세상에 공짜 없다."

직지사 운수암 위로 달빛이 환하다.
겨울 새벽녘 암자 옆 산길을 걷는 기분!
맑은 공기를 깊숙이 들이 마셨다. 텅 빈 충만이다.
나무계단을 따라 30여 분 올라가자 대간 마루금 위로 먼동이 터오기 시작한다.
"아빠, 능선이다."
"너도 이제 박사 다 됐네."

새벽 6시 40분.
운수봉 삼거리다.

대간 마루금에 올라서자 강풍이 몰아친다. 쏴아아~ 하는 바람소리가 파도소리 같다.

"야, 바람소리에 겁먹지 마라."

칼바람 속에 봄 냄새가 묻어난다.

아침 7시 10분.

운수봉(雲水峰, 680m)이다.

뒤돌아보니 황악산에 눈이 하얗다.

"나 어제 죽는 줄 알았어. 다시는 황악산 가고 싶지 않아. 어제 진짜 바람 많이 불었어."

"그래도 여름에는 시원하겠지?"

"황악산과 운수암 올라오는데 제일 힘들었어."

아침 7시 35분.

여시골산이다.

궤방령이 지척이다.

급경사 내리막길이다.

나뭇가지를 이리저리 잡으며 산중턱쯤 내려오자, 가지에서 움이 터져 나오고 새소리가 들린다.

"야아아~, 진짜 많이 내려오네. 산 밑에서는 산 꼭대기가 상상이 안 되네."

"알면 겁나고 모르면 용감하다."

아침 8시 10분.

궤방령이다.

"궤방령은 충북 영동군 매곡면 어촌리와 경북 김천시 대항면 향천리를 잇는 906번 지방도가 지나는 곳이다.

조선시대에는 서울과 부산을 오가는 상로(商路)로 이용되었으며, 임진왜란 때에는 박이룡이 의병을 일으켜 이곳에 방어진을 치고 왜적을 막아 큰 공을 세웠다. 궤방령은 북쪽에 있는 추

풍령에 가려 많이 알려지지는 않았지만
영동~김천 간의 주요 교통로로 이용되
고 있다."

장승 사이로 새소리가 정겹다.
귀마개도 벗고, 장갑도 벗고,
내복도 벗고, 벗을 수 있는 것
은 모두 다 벗었다.
탐욕과 성냄도 모두 벗어버릴 수 있다면…….

"내가 이 세상에서 제일 무서워하는 것은 다름 아닌 헛된 이름, 허명(虛名)이 나는 일이다.
평가절하도 물론 싫지만 지금의 나 이상으로 여겨지는 것이 제일 무섭다.
나의 실체와 남에 의해 만들어진 허상의 차이를 메우기 위해 부질없는 노력과 시간을 들여
야 하는 것이 제일 두렵다."

(한비야의 《지도 밖으로 행군하라》 중에서)

아침 8시 20분.
다시 출발이다.
길도 평탄하고 날씨도 따뜻하다.
"야, 너무 밋밋하지 않냐?"
"좀 그렇긴 해."
몸이 풀려서 그런지 발걸음이 무겁다.
배낭에서 사과 한 개를 꺼내 반쪽씩 나눴다.
"아빠, 우리 처음으로 사과 먹는다. 어제는 추워서 먹지도 못하고 자유시
간 1개로 버렸는데."
밋밋한 오르막 내리막이 계속되면서 몸이 풀리자 온몸이 나른해지고 졸음
이 몰려온다.
그런데 가성산 오르막길에 들어서자 갑자기 찬바람이 몰아친다. 정신이 번
쩍 난다.
이럴 때 찬바람은 추상같이 엄한 선비다.

군데군데 잔설이 남아 있는 긴 오르막을 힘겹게 2시간여 올라가자 가성산이다. 가성산(716m)은 궤방령과 눌의산 한가운데 불쑥 솟아있는 작은 봉우리다. 거느린 식구(峰) 하나 없이 혼자 사는 산이다.

앙증맞은 표지석 하나만 덩그러니 서 있다.

김천 시내와 경부고속도로가 한눈에 들어온다.

오전 10시 40분.

가성산에서 장군봉으로 이어지는 고요한 안부(鞍部)다.

장군봉 정상을 쳐다보니 한숨이 절로 난다.

"급경사를 올라가는 가장 좋은 방법은 그저 땅만 보고 한 발, 한 발 앞으로 나아가는 거다. 꾸준히 걷다보면 어느새 정상이 눈앞이다."

세상 사는 일도 순간순간 최선을 다하다 보면…….

오전 11시 40분.

장군봉(624m)을 거쳐 663m봉이다.

이제는 기진맥진 탈진이다.

오른쪽 발뒤꿈치가 아프고 왼쪽 어깨도 막 쑤신다. 한 발을 떼어놓기가 힘들다. 그래도 아들은 아무 말도 없이 잘도 올라온다. 무척이나 대견스럽고 고마운 마음에 목이 멘다.

눈 위에 배낭을 털썩 내려놓았다.

"지수야, 우리 밥 먹고 가자."

"아빠, 라면은 내가 끓일게."

"라면은 스프부터 먼저 넣어야 맛이 있어."

눈 쌓인 산속에 라면 끓는 냄새가 퍼져나간다.

라면에다 아침에 먹다 남은 밥을 말았다. '아~ 꿀맛이란 이런 것이구나' 하는 생각이 진하게 느껴진다.

"아빠, 그런데 별로 안 추운데 입김이 난다."

"아마도 몸이 산에 적응되어서 그럴 거야."

낮 12시 30분.

눌의산(743.3m)이다.

동서남북 사방이 확 트인 헬기장이다.

앞으로는 추풍령과 경부고속도로, 김천 시내 전경이, 등 뒤로는 가성산, 황악산으로 이어지는 대간 마루금이 아스라이 펼쳐진다.

강풍이 거세게 몰아친다.

그러나 이제 바람은 봄바람이다.

칼바람도 봄바람한테 자리를 내어놓고 있었다.

춘하추동, 생로병사. 자연의 섭리는 한 치의 오차도 없다.

눌의산 하산길, 나뭇가지에서는 움이 막 터져 나오고 있다.

가파른 경사길에 바닥이 얼어있다.

"아빠, 화장실 갔다 올게."

"낙엽을 긁어내고 응가한 후 잘 덮어라. 절에서는 화장실을 해우소(解憂所)라고 한다."

"해우소가 뭐야?"

"근심을 풀어놓는 곳이다."

해우소에 다녀온 아들은 눈 쌓인 솔밭길을 신나게 달려 내려간다.

산 밑은 봄기운이 완연하다.

오후 1시 30분.

추풍령 송라마을이다.

"아빠, 나 진짜 용케 왔다. 정말이지 어제 나 진짜 죽는 줄 알았어. 엄지발가락에 물집이 잡혔지만 참고 내려왔어. 어제부터 지금까지 산에 아빠하고 나하고 둘밖에 없었어."

"야, 우리 둘이 백두대간 완전히 전세 냈다, 전세 냈어."

"지수야, 정말 수고했다."

"나 집에 가면 목욕하고 늦잠 잘 거야. 깨우지 마."

아들은 집으로 돌아와서 몇 번이나 코피를 흘리고 발가락 물집을 터트리

면서도 아빠를 조금도 원망하지 않았다.

아내는 아들 중학교 졸업기념집에 실린 '부자대간 종주기'(5구간)를 자랑스럽게 보여 주면서 활짝 웃었다.

산속이라서 그런가.

오늘은 산을 좋아하셨던 아버지가 유난히 보고 싶다.

아버지와 함께했던 어린 시절 기억의 대부분은 산이 배경이다.

자주 산에 데리고 다녀 나를 산다람쥐로 만들어주신 아버지,

산에 갈 때마다 손수 맛있게 밥을 해주셨던 아버지.

같이 보냈던 시간은 15년이지만, 우리 아버지는 늘 내 마음속에 살아계신다.

아버지와 딱 15분만 만날 수 있다면 얼마나 좋을까!

만나면 우선 세상 사람들에게 이 분이 바로 우리 아버지라고 뻐기면서 자랑하고 싶다.

그리고는 눈을 마주보고 내가 아버지를 얼마나 사랑하는지, 얼마나 그리워하는지 말해주고 싶다.

(한비야의 《지도 밖으로 행군하라》 중에서)

8코스 추풍령 ~ 사기점 고개 ~ 작점고개 ~ 용문산 ~ 큰재

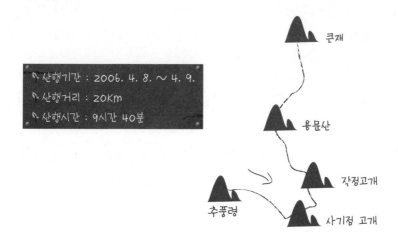

- 산행기간 : 2006. 4. 8. ~ 4. 9.
- 산행거리 : 20Km
- 산행시간 : 9시간 40분

큰재
용문산
작점고개
추풍령
사기점 고개

제행무상(諸行無常)

고통은 모이고, 모인 것은 없어지며, 세상의 모든 것은 끊임없이 변한다.
생명 있는 것들은 모두 다 죽고 다시 태어난다.
낙엽은 썩어서 흙이 되고, 흙은 나무의 자양분이 된다.

"아빠, 공부보다 산에 가는 게 나아."
"공부나 산이나 모두 마음먹기 나름이다."
아들은 이제 '고딩'(고등학생)이 되었다.
'야자'(야간자율학습)에다 과외까지 하고 집에 오면 밤 12시다.
그 좋아하던 인터넷 게임도 못하고 아침부터 밤늦게까지 공부만 하려니 아마도 죽을 지경인가 보다.
그런데 '놀토'인데도 찍소리 안 하고 따라나서는 게 신통하다.

4월 7일 밤, 울산에서 열차를 타고 집에 도착하니 새벽 5시다.

Step 둘. 세상에 공짜 없다 127

    그런데 집 현관문을 열고 들어가도 깨어나는 사람이 없다. 거실 한 쪽에는 아들의 등산복, 모자, 양말이 가지런히 개어져 있다. 아내는 나보다 아들을 더 사랑하는 걸까?

    잠시 눈을 붙인 후 일어나서 배낭을 꾸리는데,

    "아빠, 차 안 가지고 가?"

    "야, 버스타고 가자."

    "내 그럴 줄 알았어."

    "밤새 잠 못 자고 올라와서 눈꺼풀이 천근만근이다."

    그래도 배낭을 메고 집을 나서니 졸음이 확 깬다.

    대전과 황간을 거쳐 추풍령에 도착하니 정오다.

    "아저씨, 여기 밥 잘하는 데 없어요?"

    "아무데나 다 괜찮아요."

    식당에서 된장찌개를 시켰는데 맛이 아주 소태다.

    "야, 좀 짜지 않냐?"

    "모르겠는데……"

    "짜면 짜고 싱거우면 싱거운 거지 모른다니."

    "아빠가 모르쇠가 최고라면서."

    "내가 언제 그랬냐? 그런데 아줌마, 손님이 없네요."

    "시골에 사람이 있어야지요. 올해 초등학교 입학생이 18명이래요. 차아암 ~, 기가 멕혀요."

오후 1시.
추풍령 표지석 앞이다.

조선 후기 학자 이중환은 '택리지'에서 "예로부터 영남에서 한양 가는 길은 세 갈래가 있다. 첫째 길은 부산 ~ 울산 ~ 경주 ~ 풍기 ~ 죽령을 지나는 열닷새길이요, 둘째 길은 부산 ~ 밀양 ~ 대구 ~ 상주 ~ 조령(문경새재)을 지나는 열나흘길이며, 셋째 길은 부산 ~ 김해 ~ 현풍 ~ 추풍령 ~ 영동으로 이어지는 열엿새길이다"라고 했다.

이 중에서 과거보러 가던 선비들이 자주 이용했던 길은 둘째 길이다.
첫째 죽령길은 쭈우욱 미끄러진다고,
셋째 추풍령길은 추풍낙엽처럼 떨어진다고 해서 피했으나,
둘째 조령(문경새재)길은 거리가 짧을 뿐만 아니라 경사스런(慶) 소식을 들을(聞) 수 있다는 기대감 때문에 많이 이용했다고 한다.
그동안 홀대를 받아오던 추풍령은 1900년대 초 철도가 개통되면서 환대받기 시작하여 오늘에 이르고 있다.

오후 1시.

추풍령 표지석 건너 대간 길로 들어섰다.
물과 간식 때문인지 어깨가 묵직하다.

오후 1시 반.
금산(錦山)이다.
아름다운 산은 그저 이름뿐이다.
반 토막 난 산은 채석장이다.
"아빠, 왜 산을 깎아?"
"돌 파내서 집짓고 길 만드는 데 쓸려고."
"야아아! 진짜 너무했다."
인간과 자연은 공존할 수 없는 건가?
발전은 무엇이며 잘산다는 것은 무엇인가?
황사(黃砂)가 심해서 건너편 눌의산조차 형체만 희미하다.

황사는 매년 봄 중국 내륙 고비사막이나 만주지방에서 발생하여 바람을 타고 북경을 거쳐 우리나라로 날아오는 흙먼지다.
미세먼지 농도는 m^3당 μg(1/백만 분g)으로 나타내는데 서울지역은 평상시 115μg 정도이나 2006년 4월 8일은 20배인 2,300μg까지 올라갔고, 평균 가시거리도 200m 정도였다고 한다.
황사는 입자가 호흡기를 통해 폐에 달라붙어 호흡기 질환을 유발하거나 눈 점막에 달라붙어 안과질환을 유발하기도 하지만, 알칼리성 물질을 많이 포함하고 있어 산성비를 중화하고 토양에 석회 성분을 공급해 산성화된 토양을 중화하는 긍정적인 효과도 있다.

앞서가던 산행객이 쉬면서 한마디한다.
"학생, 배낭이 삐딱하니 보는 사람도 힘들다."
아들이 기울어진 배낭을 다시 고쳐 멘다.
입은 화문(禍門)이다.
말 한마디에 천 냥 빚을 갚기도 하지만 말 때문에 엄청난 고초를 겪기도 한다.

산길 군데군데 진달래가 무리지어 피어 있다.

진달래는 참꽃이다. 시인 황지우는 참꽃을 일러 "눈물의 폭탄이요, 참다못
해 터뜨린 대성통곡"이라고 했다.
　연분홍 빛 참꽃은 봄의 전령사다.

　봄은 산 밑에서 시작되고, 가을은 산위에서 시작된다.
　숲속 낙엽 사이로 지상을 향한 새싹들의 전진이 시작되었다.
　풀과 나무들의 세대교체다.
　생로병사(生老病死), 고집멸도(苦集滅道), 제행무상(諸行無常)이다.
　세상 모든 것은 끊임없이 변한다.
　생명 있는 것들은 모두 다 죽고 다시 태어난다. 낙엽은 썩어서 흙이 되고,
흙은 나무의 자양분이 된다.
　사기점 고개 가는 길은 넓고 평탄하다. 백두대간 고속도로다.

　오후 3시.
　밀려드는 졸음에 정신이 혼미하다.
　산수유꽃 그늘에 앉아 봄바람을 쐬고 있노라니 그냥 드러눕고 싶다.
　바람소리를 들으며 꽃길 따라 쉬엄쉬엄 걷는다. 뒤따라오던 분이 묻는다.
　"배낭을 보니 며칠 걸으신 것 같습니다? 아버지와 아들 대단합니다. 아들

이 잘 따라 다니는가 봅니다."

"안 갈려고 그러다가 이제는 잘 따라 다닙니다."

"그래도 착하네요."

"너 몇 학년이냐?"

"고 1이요."

"야, 너 집에서 공부하는 것보다 산 따라 다니는 게 훨씬 낫다."

"오늘 학원도 안 가고 따라왔는데 집사람은 안 좋아하지요."

오후 3시 40분.

사기점 고개다.

모처럼 만난 오르막길이다.

그럼 그렇지 만만한 산은 하나도 없다.

갑자기 산길이 왼쪽으로 꺾이면서 빙돌아 내려간다. 올라갔던 길로 다시 내려오는 듯하다.

"아빠, 무릎이 아파."

"약 발라줄까?"

"아니, 그냥 참아볼게. 의사 선생님이 좀 쉬면 낫는다고 그랬어."

아들은 내리막에서 절뚝대기 시작한다. 걱정이다. 하지만 씩씩하게 따라오고 있다.

오후 5시.

작점고개다.

용문산 기도원이 코앞이다.

어디서 "위하여!" 하는 소리가 들려온다.

기도원에서 나는 소린가?

술 먹기 전에 하는 소린데?

고갯마루 육각정자 밑에 사람들이 모여 있다.

서울에서 온 금수강산산악회다.

"야아아! 진짜 아들과 다니는 게 너무 부럽네. 나도 아들이 있었으면 같이

다닐 수 있는데. 학생, 너 어느 학교 다니냐?"

"진광고등학교요."

"너 꼭 완주해라."

"예."

"진짜 착하다. 우리집 애새끼들은 산 얘기만 나오면 무조건 도망가기 바빠요. 씨래깃국에다가 밥 말아 잡숫고 그냥 한 끼 때우고 가세요. 그리고 자아아! 여기 소주 한잔 하세요. 쭈우욱~ 들이키시고 나도 한잔 줘요."

"캬아아~ 꿀맛이다."

"산에서 만난 산악인은 모두 한 형제입니다"

그들은 아들에게 귤과 찰떡파이, 오렌지를 건네주며 격려한다.

"산길 가다가 배고프면 먹어라."

"밤에 산짐승 조심하고. 학생, 잘 가라."

격려에 감동 먹고 몸 둘 바를 모르겠다.

오후 5시 반.

그들의 배웅을 받으며 다시 용문산으로 향한다.

"아마 공부해가지고는 이런 칭찬 못 받을걸."

"그건 그래!"

오후 5시 45분.

좌골산(474m)이다.

지도에는 나와 있지 않은 산이다.

바람이 자니 산도 고요하다. 황사가 걷히자 산 모습이 드러난다.

비비비비~ 뾰롱뾰롱~ 새들이 모여든다. 새소리는 아무리 들어도 싫증나지 않는다.

오후 6시 10분.

갈현고개다.

나뭇가지에 초록색 표지판이 붙어있다.

표지판을 만든 이는 백두대간 4차 종주(2004년 6월 12일) 목원대 표언복 교수다.

우리는 그냥 걷기도 힘든데, 참 대단하신 분이다. 대간 타는 사람들은 이 양반 이름 모르면 간첩이다.

오후 6시 반.

용문산이 코앞이다.

오른쪽 골짜기로 기도원 집단부락이 형성되어 있다.

산속에 어둠이 깔리기 시작하자 기온이 뚝 떨어진다. 두꺼운 옷을 벗어 아들에게 입혔다.

"지수야, 여기다가 텐트를 치자."

텐트 안에 매트리스와 침낭을 깔고 불을 켰다. 호젓한 백두대간 콘도가 만들어진다.

콘도명은 중생의 번뇌가 멈추고 참된 모습이 그대로 드러나는 해인(海印) 콘도다.

게다가 공기 좋고, 전망 좋고, 교통편마저 좋으니 이곳은 '백두대간 8학군 지역'이다.

저녁 7시.

용문산 기도원의 종소리가 은은하게 울려퍼진다.

경북 김천시 어모면 능치리 산 274번지에 위치한 용문산 기도원은 1940년 6월 13일 나운몽 장로에 의해 설립되었다.

나운몽은 한국전쟁으로 피폐해진 사회분위기 속에서 신비체험과 기도를 강조하는 개신교 신앙운동으로 큰 반향을 불러일으키면서 용문산 기도원과 신학교를 설립하였다.

어둠이 깔리자 산은 무서울 정도로 고요하다.

사람소리, TV소리, 전화소리, 자동차소리 등 일상의 소음으로부터 해방되는 순간이다.

소리가 그치니 마음도 고요하다. 쏴아아~ 하는 바람소리가 마치 파도소리 같다.

불을 끄고 아들과 나란히 침낭 속에 누웠다. 푹푹, 푹푹……. 낙엽 밟는 소리가 점점 가까이 들려온다.

"아빠, 산짐승이야?"

"겁나냐?"

"아, 아니!"

"가만히 있어봐."

발자국 소리가 텐트 앞에서 뚝 멎는다.

그러다가 갑자기 "꿰에엑, 꿱꿱!"

"야 인마, 저리가! 빨리 안 갈래!"

"후다닥!"

"아빠, 멧돼지다."

크게 소리를 지르자 산짐승이 달아난다.

온몸에 긴장이 풀리면서 잠이 마구 쏟아진다.

자정쯤 되자 텐트 위로 후드득 후드득!

"아빠, 빗소리다. 배가 고픈데……."

"너 머리 위에 찹쌀모찌 있잖아."

아들은 머리맡을 더듬더듬하더니 찹쌀떡을 먹고 잠이 든다.

사람은 어떤 끔찍한 상황에서도 밥을 먹어야 하고 잠을 자야 한다는 것이 인간의 비극이다.
(소설가 김훈)

빗소리는 간헐적으로 계속되지만 침낭 안은 따스하다.

새벽 4시 반.
용문산 기도원의 종소리가 들려온다.
"아빠, 산에서는 조금만 자고나도 푹 잔 것 같아. 왜 그럴까?"
"땅기운을 받아서 그렇겠지."
"그리고 산속에서는 빛이 엄청 밝아."
"사방이 온통 어둡기 때문이지."
계속되는 빗소리를 들으며 아들과 함께 주모경(主母經)을 바치고 밖으로 나오니 어둠과 함께 냉기가 훅 엄습해온다.
아들에게 텐트 개는 법, 배낭 꾸리는 법을 알려준 다음,
"야, 너 한번 해봐."
"잘 안 되는데."
"자꾸 해보면 돼."

새벽 5시 반.
동이 트면서 용문산으로 출발이다.
"아빠, 우리 가다가 라면 끓여먹자."
"엄마가 너 라면 먹으면 안 된다고 그랬는데."
"아! 괜찮아."
"그래, 알았다."
"쪼로롱~ 쪼로롱~ 삐비비비~"
맑은 공기, 푸른 숲, 새소리가 어우러진 봄날 새벽, 대간 길은 환상 교향곡이다.

새벽 6시 반.
용문산(710m) 정상이다.

드넓은 헬기장이다.
사방이 온통 뿌연 황사로 뒤덮여있다. 앞산, 뒷산 모두 희미한 윤곽만 보인다.

산 밑 안부다.
사과를 나눠 먹는데 콧물이 뚝뚝 떨어지고 손도 시리다.
"장갑 가지고 오는 건데."
"후회해도 소용없다."
"아빠, 여기서 라면 끓여먹자. 라면은 내가 끓일게."
아들은 라면 전문가다.
라면 국물이 몸 안으로 들어가자 얼었던 몸이 활짝 피어난다.
부자 서로 머리를 맞대고 후루룩, 후루룩 쩝쩝……
라면을 먹으면서 부자의 정이 폭폭 익어간다.

낙엽이 발목까지 빠지는 산길을 지난다.
낙엽을 한 움큼 쥐고 훠이이~ 훠이이~
바람에 날리는 낙엽이 비처럼 쏟아져 내린다.
"아빠, 멋있다."
"멋있냐?"
"응."
"너도 한번 해봐라."
"훠이이~~."
"애들 보는 데서는 찬물도 못 마신다."

아침 8시.
국수봉 오르막이다.
라면 먹은 것이 금방 쑥 내려간다. 배가 홀쭉해지면서 허기가 진다.
"야, 배고프지 않냐?"
"조금."
그저 밥이 최고다.
땅기운을 받은 낟알이 들어가야 힘을 쓰지 라면은 몇 시간 못 간다.

낙엽 사이로 파란 새싹들의 행진이 시작되었다.
시인 괴테는 색깔을 '빛의 고통'이라고 했다.

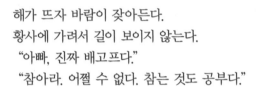

아침 8시 반.
오늘의 최고봉 국수봉(掬水峰)이다.
상주시청 산악회에서 세운 표지석이 앙증맞게
서 있다.

해가 뜨자 바람이 잦아든다.
황사에 가려서 길이 보이지 않는다.
"아빠, 진짜 배고프다."
"참아라. 어쩔 수 없다. 참는 것도 공부다."

큰재 가는 길.
길고 지루한 내리막이다.
활짝 핀 연분홍 참꽃을 하나 둘 따먹으며 쉬엄쉬엄 내려간다.
아들이 왼쪽 다리를 절뚝거리며 뒤따라온다.

"너, 다리 아프냐?"
"응. 무릎이 좀 아픈데 의사선생님이 무리하지 않으면 금방 낫는데."
"야, 대간 다니려면 무리하지 않고 되냐?"
"괜찮겠지 뭐."
무릎에 약을 발라주긴 했지만 아들은 계속 절뚝거린다.
오래 걷다 보면 길이 지도가 되듯 몸도 삶의 지도가 된다.
아들의 몸은 대간 길의 고통을 오래도록 기억할 것이다.

오전 9시 40분.
큰재다.
큰재는 충북 영동군 황간면 신곡리와 경북 상주시 공성면 도곡리를 잇는
920번 국도가 지난다.

옥산초등학교 인성분교가 나타난다.

인성분교는 백두대간 상에 있는 유일한 학교다. 지금은 폐교되었지만 학교 운동장을 뛰어다니는 아이들의 목소리가 들리는 듯하다. 개나리꽃이 만발한 학교 울타리가 한 폭의 그림이다.

세렉스 트럭을 세웠다.

상주 옥성에 묘목 사러갔다 오는 50대 농부다.

고마운 마음으로 차에 올랐다. 황간까지 태워다 줄 테니 기름 값이나 달라고 한다.

대간 다니면서 남의 차를 많이 얻어 타 봤지만 기름 값 달라는 사람은 처음이다.

'세상에 공짜 없다.'

농부는 택시기사가 되고, 나는 손님이 된다.

황간에서 내리면서 만 원을 주자 그는 무척이나 고마워한다.

"아빠, 그래도 그 아저씨 정말 고맙다."

"그래, 정말 화끈한 아저씨다. 너 나중에 커서 누가 차 태워 달라면 어떻게 할래?"

"그거야 당연히 공짜지 뭐."

"그래, 그동안 산 다니면서 도움 받은 것 살아가면서 꼭 갚아야 한다."

(후기)

솔직히 필자는 산 다니는 것보다 글 쓰는 일이 더 힘듭니다.

아들은 공부하는 것보다 산 다니는 게 더 낫다고 합니다.

저는 글을 쓰고 아들은 사진을 찍습니다.

그래도 좋아서 하는 일이니 신이 납니다.

푸른 오월, 우리 부자는 다시 백두대간 큰재로 향합니다.

푸른 숲, 맑은 공기, 반짝이는 별을 배낭에 하나 가득 담아오겠습니다.

9코스 큰재 ~ 지기재 ~ 신의터재 ~ 윤지미산 ~ 화령재

화령재

윤지미산

신의터재

지기재

큰재

산행기간 : 2006. 6. 9. ~ 6. 10.
산행거리 : 34Km
산행시간 : 16시간 15분

인연

"그래, 맞다. 참 좋은 인연이다."
"어떻게 또 만났네."
"차아암~ 진짜 세상 좁네, 좁아."
"그러니 남하고 원수지면 안 된다."

"비가 이렇게 많이 오는데 산에 가?"
"비가 와도 간다."
"아니 산을 어떻게 가. 땅도 다 젖었구먼."
"그래도 간다."
"엄마! 나 안경테가 부러졌어."
"안경점에서 고쳐줄게."
"지수가 뙤를 쓰고 있어요. 가다가 되돌아오더라도 가요."
늦은 밤 학교 앞 안경점에서 아들을 만났다. 안경을 고쳐주고 집으로 돌아
오는데 비가 억수같이 쏟아진다.

Step 둘. 세상에 공짜 없다 141

"야, 이제는 나도 산에 좀 편안하게 가자. 중학교 때나 고등학교 때나 어떻게 똑같냐."

6월 9일 새벽 5시 반.
"야! 일어나라. 가자."
"토요일날 비가 온다잖아."
"비가 오면 되돌아온다."
"아빠가 비 온다고 멈출 사람이야?"
"야! 빨리 갔다와라."
딸은 군기반장이다. 누나 말에는 꼼짝도 못하는 아들이다.
벌써 아홉 번째 산행이지만 이렇듯 출발은 여전히 소란스럽다.
출발이 결정되자 아들은 빨간색 티셔츠와 창이 달린 둥근 모자를 쓰고 잔뜩 폼을 잡는다. 게다가 귀에는 이어폰을 꼽고, 《가로세로 세계사》 만화책을 들고, 슬리퍼를 신은 채 배낭과 등산화를 들고 따라 나선다.
아파트 창문 밖으로 아내가 손을 흔든다.
아들은 "엄마! 갔다 올게"라고 소리치며 손을 흔든다.

중부내륙고속도로를 타고 상주 가는 길은 한산하다.
아들은 승용차 뒤에 드러누워 책을 보다가 잠이 든다.
상주 IC와 보은 가는 25번 국도를 지나자 곧 화령재다.

화령재 정자각 밑에 차를 두고 화서 개인택시를 타고 큰재에 도착하니 9시 반이다.
식수를 얻으러 폐교 분교 앞집 마당에 들어섰다. 스텐 요강이 놓여 있는 샘터와 땔감나무로 가득 찬 부엌이 고향집 같다. 집주인 할머니가 마루에 앉아 있다.

"가만히 있어랑께. 쪼끔 있어야 물이 나와."
귀가 어두운 할머니는 목소리를 높인다.
지하수 모터 전기 스위치가 마루에 걸려있다. 할머니가 스위치를 올려야 물이 나온다. 할머니의 호령 앞에는 아무도 꼼짝 못한다.

할머니 집은 대간 타는 사람들의 물 공급처다.

젊은 아줌마가 마당으로 들어선다.

"할머니, 저 여기서 쌀 좀 씻을게요."

"아줌마, 대간 타세요?"

"아니요. 우리 신랑이 대간 타는데 저는 식량과 물 공급책이에요. 오늘 점심때 지기재에서 만나기로 했어요. 차 가지고 가서 기다릴려구요."

산 타는 신랑보다 돕는 신부가 더 대단하다. 일편단심 민들레~ 마음씨 고운 신부다.

"보소! 어디서 왔소?"

"강원도에서요."

고개를 끄덕이며,

"잘 가소……."

할머니를 언제 다시 만날 수 있을까?

섭섭하게,
그러나
아주 섭섭지는 말고
좀 섭섭한 듯만 하게,

이별이게,
그러나
아주 영 이별은 말고
어디 내생에서라도
다시 만나기로 하는 이별이게,

연(蓮)꽃
만나러 가는
바람 아니라
만나고 가는 바람같이

엊그제
만나고 가는 바람 아니라
한두 철 전
만나고 가는 바람같이

(故 서정주 시인의 '연꽃 만나고 가는 바람같이')

폐교 분교다.
유리창이 부서지고 마룻바닥이 푹 꺼져있는 교실 안이 을씨년스럽다.
'1967년 8월 20일 동일건설 시공'이라고 새겨진 빛바랜 주춧돌이 지나온 세월을 말해준다.

학교 옆 산길에 딸기가 지천이다.
"아빠, 이거 먹어도 돼?"
"당연하지."
새빨간 딸기가 아들의 입속으로 들어간다.
"맛있냐?"
"으으~ 시큼해."
"많이 먹어둬라. 보약이다."
산딸기는 산 타는 사람들의 간식이다.

覆盆子 性平味甘無毒(복분자는 맛이 달고 독이 없다)
療男子腎精虛喝女人無子(남자의 신정을 보하고, 여자의 잉태를 도우며)
主丈夫陰痿能令緊張(주로 사내의 음위를 다스려 능히 길고 딱딱하게 한다)
補肝明目益氣輕身令髮不白(또한 간을 보하여 눈을 맑게 하고 기를 보하여 몸을 가볍게 하며, 흰머리가 나지 않게 한다)

(남산당(南山堂) 간, 원본 《동의보감》, P 711)

비온 뒤 산길은 솜이불처럼 푹신푹신하다.
나뭇잎 사이로 햇볕이 눈부시다. 아카시아 나무 사이로 바람이 불어온다. 백두대간 냉장고 바람이다.
"아아, 시원하다. 우리 한잠 자고 갈까?"

"에이이~ 그냥 가."
숲은 온통 초록이다.

오전 11시.
이영도 목장이다.
솔 숲이다. 소나무 절반은 죽어있다. 솔잎혹파리 때문이다.

〈솔잎혹파리〉
암컷은 2~2.5mm, 수컷은 1.5~1.9mm인 곤충이다.
소나무 밑에서 애벌레로 있다가 매년 5월~7월 사이에 성충이 되어 나무 위로 날아가서, 새로 나온 솔잎 하나에 90개 정도의 알을 낳고 죽는다. 유충은 소나무에 달라붙어 수액을 빨아먹으며 산다.
솔잎혹파리에 감염된 소나무는 5년 정도 지나면 30% 이상이 죽는다.
방제방법으로는 나무주사와 천적인 솔잎혹파리먹좀벌과 혹파리살이먹좀벌을 피해지역에 퍼뜨리는 방법이 있다고 한다.

오전 11시 50분.
회룡재다.
수풀이 우거져 길이 보이지 않는다.
나뭇가지에 긁힌 팔에서 피가 배어나온다.
얼굴에서는 땀방울이 뚝뚝 떨어지고 등에서는 줄땀이 흐른다.
뻐꾹~ 뻐꾹~ 뾰로롱~ 뾰로롱~ 뾰뾰뾰뾰~.

개터재 가는 길.
새카만 오디가 길가에 떨어져 있다.
오디는 뽕나무의 열매다.
"야아~ 오디다. 먹어봐라."
"안 먹어."
"맛있는데 왜 안 먹어?"
손톱과 입술이 금방 새카매진다.

평탄한 길이 계속 이어진다.

"야, 너무 지루하지 않냐?"

"아! 그래도 나는 이게 좋아."

대간 리본이 바람에 흔들린다.

'근속 30주년 기념 백두대간 종주 이정식, 임두순'

"아빠도 근속 30주년 기념 종주 한 번 할 수 있을까?"

"야, 이번이 두 번짼데 어떻게 또 하냐?"

"왜? 그래도 천천히 하면 할 수 있지 않을까?"

"생각 좀 해보자."

"앞으로 10년이 지나면 어떻게 변해있을까? 그때는 나는 대학졸업하고 군대도 제대했을 텐데. 97년도에 내비게이션과 화상 핸드폰으로 TV를 보고 그러는 게 미래세계라고 했는데 진짜 그렇게 되었어."

"사람은 생각하는 대로 된다."

낮 12시 40분.

개터재다.

공서초등학교 효곡분교가 코앞이다.

상주시 공성면 봉산리와 효곡리를 잇는 소로가 나 있다.

쓰르르~ 쓰르르~ 쓰르라미 소리가 들려온다.

여름 안에 가을이 들어있다.

나무 그늘 밑에서 라면 3개를 끓였다. 라면 국물에다 찬밥을 말았다. 몸이 노곤해지면서 졸음이 밀려온다.

"야, 저기 학교 가서 물 좀 떠와라."

"나 혼자?"

"그래. 왕복 30분이면 된다."

"물 한 통과 사과 3개로 5시간만 버티면 되잖아. 지난여름 덕유산 빼재 갈 때도 버텼는데 뭐."

"너 얼마나 버티나 보자. 나중에 후회하지 마라."

윗왕실 가는 길은 오르막 하나 없는 산보길이다.

길옆에 딸기가 지천이니 물 대신 딸기다.

"아빠, 오늘은 완전히 산보야, 산보⋯⋯."

"이번 산행은 뭐 쓸 것도 없겠다."

오후 3시 반.

국토가 살아 숨 쉬는 곳 윗왕실이다.

나뭇가지에 걸려있는 대간 리본이 바람에 펄럭인다.

골바람이 쏴아아~ 불어온다.

큰 소나무에 기대앉아 눈을 감았다. 육신의 고통이 산산이 부서져 바람에
날아간다.

산은 새소리와 바람소리, 풀벌레소리로 가득하다.

자연의 소리는 마음을 고요하고 맑게 한다.

하늘에는 비행기가 하얀 줄을 그으며 날아간다.

비행기 하면 '빨간 마후라'가 생각난다.

전투기 조종사가 되는 길은 험난하다.

공군사관학교를 졸업한 뒤 조종사 훈련이 실시된다.

조종사는 훈련에 앞서 정밀 신체검사를 받는다. 전투기 조종에 필요한 시력, 청력, 혈압, 심전
도 등의 신체검사와 함께 'G 내성테스트'를 받는다. G는 Gravity의 약자로서 중력가속도를 뜻
한다.

G 내성훈련이란 조종사가 급격한 공중기동 때 지구중력의 6~9배에 달하는 압력을 견디어
냄으로써 머리의 피가 다리 쪽으로 몰리는 현상을 극복하기 위한 훈련이다.

일반인은 4G 정도면 기절하며, 조종사 훈련 중 6G를 견뎌내지 못하면 탈락한다.

훈련기간은 2년으로서 실습과정 34주, 기본훈련 34주, 고등훈련 40주 등 3단계로 나누어 진행된다.

훈련 단계별로 약 20~30%가 탈락되며, 이 과정을 모두 마쳐야 전투기 조종사로 태어나게 된다.

전투기 조종사의 상징인 빨간 마후라를 목에 걸 수 있는 사람은 공군사관학교 졸업생의 약 40% 정도다.

"많은 전투기 조종사가 비행을 하고나면 실핏줄이 터지고 멍이 드는 경우가 다반사다. F-15기는 9G까지도 걸리는데 그런 고중력 상태에서는 손도 잘 못 움직인다. 그런 상황에서 전투를 해야 한다. 심지어 목이 삐는 경우도 있다. 눈이 감기고 조종간을 놓치기도 한다.

조종사는 이를 극복하기 위해 인간의 한계를 넘는 훈련을 한다. 또한 조종사는 수만 피트 상공의 반평 남짓한 공간에서 혼자 모든 것을 결정해야 한다. 비행 중 최고의 지휘관은 조종사 자신이며, 최종결단은 조종사 본인의 몫이다.

(공사 19기로서 33년간 3,000시간 전투기 비행경력을 가진 베테랑 조종사 예비역 소장 유병구 씨의 2006년 6월 12일자, 〈동아일보〉 인터뷰 중에서)

오후 4시 반.

백학산 오르막길이다.

이마에는 땀이 뚝뚝뚝. 바람 한 점 없다.

얼굴은 땀범벅이고 팔과 다리에는 물이 줄줄 흐른다.

"아빠, 좀 쉬었다가 가자."

"그래."

아들은 털썩 주저앉더니 물병을 꺼내 쥐고 입 안에 물을 콸콸콸 쏟아 붓는다.

"야, 물 좀 아껴 먹어라."

'이럴 때 시원한 냉막걸리 한 잔만 먹었으면……'

몸에 한 번 각인된 음식 맛은 식성이 되고 추억이 된다.

그러나 막걸리 대신 사과 한 개로 목마름을 달랜다.

오후 5시.

오늘의 최고봉 백학산(白鶴山, 615m)이다.

풀숲에서 뛰어나온 여치와 개구리가 우리를 반긴다.

백학산은 상주시 외남면, 내서면, 모서면, 모동면의 분수령이다.

오랜만에 시야가 확 트인다. 멀리 무지개산과 윤지미산으로 이어지는 마루금이 희미하다.

오후 5시 40분.

개머리재 가는 길.

산행 8시간째다.

피로와 목마름에 지쳐서 쉬는 횟수가 잦아진다.

"아빠, 휴지 좀 줘."

"왜 그래?"

아들의 코에서 피가 뚝뚝 떨어진다.

얼굴과 손이 온통 피범벅이다.

고개를 뒤로 젖히자 한참 후에야 피가 멎는다.

"야, 너 피곤했구나?"

"아니 괜찮아."

아들의 코피를 보고도 괜찮을 부모가 어디 있겠는가.

마음이 짠해 온다.

육신의 고통을 참고 이겨낼 줄 아는 아들이 대견스럽다.

"야, 남은 물 다 먹어라. 이제 조금만 가면된다."

오후 6시 40분.

넓은 포도농장을 지나자 개머리재다.

사방에서 개 짖는 소리가 요란하다. 개머리재에서 개소리는 자연스럽다.

개머리재는 상주시 내서면과 모서면을 잇는 지방도가 지난다.

포도농장 주인집을 찾았다.

수도꼭지에 입을 대고 물을 먹었다. 배가 불룩하다.

"아! 이제 좀 살 것 같다."

산속 만찬을 준비한다.

"야, 너는 아빠가 쌀을 안치면 어디 가서 돌을 좀 주워 와야지."

아들은 "아빠, 미안해" 하면서 큰 돌을 들고 온다.

쌀 익는 냄새가 구수하게 퍼져나가자 침이 꼴깍 넘어간다.

반찬은 미역국과 김치, 고추장뿐이지만 시장이 반찬이다.

"야! 맛있다, 아빠, 꿀맛이다."

아들은 얼마나 배가 고팠던지 말없이 밥만 먹는다.

아들의 입에 밥 들어가는 모습을 보고 있노라니 돌아가신 부모님 생각이 난다.

樹欲靜而 風不止하고 子欲養而 親不待다.

자식이 부모 마음을 알 때쯤이면 부모는 이 세상에 없다.

"아빠, 오늘 늦더라고 신의터재까지 가자."

"야, 그러면 앞으로 4시간이나 더 가야 하는데?"

"괜찮아. 끝까지 한번 가보는 거지 뭐. 잠이야 내일 집에 가서 실컷 자면 돼."

아들의 말에 용기백배하여,

"그래. 그러면 우선 지기재까지만 가보자."

저녁 8시.

산속에 어둠이 깔리기 시작한다.

산속엔 두 개의 불빛이 반짝반짝, 하늘엔 보름달이 휘영청.

산 공기가 서늘하다. 걷기가 편하다.

저녁 9시.
지기재다.
문중 묏자리 옆 잔디밭에 텐트를 쳤다. 잔디밭은 솜 이부자리다.
개구리소리와 보름달의 조화가 기막히다. 개구리소리는 환상 교향곡이고,
보름달은 화려한 조명이다.
텐트 안은 발 냄새, 땀 냄새로 가득하지만 부모자식간이니 허물이 없다.
아들은 눕자말자 골아떨어진다.

새벽 1시 반.
"왝왝~."
멀리서 산짐승 소리가 들려온다.

새벽 4시.
"지수야, 일어나라."
"아빠, 진짜 잘잤다."
"중간에 한 번도 안 깼어. 백두대간 시작하고 한 번도 안 깨고 편안하게
잠을 잔 것은 이번이 처음이야! 그동안 짐승소리에 놀라고 귀신소리에 놀라
서 자는 게 아니라 그저 눈만 감고 있었어."

새벽 4시 반.
날이 훤하게 밝아온다.
죠로롱~ 죠로롱~ 뻐꾹뻐꾹~ 꼬끼요~ 음메에~.
소리와 호흡은 생명의 심벌이자 시그널이다.

새벽 5시.
신의터재 가는 길.
거미줄에 흔들리는 이슬이 영롱하다.
손등과 얼굴에 이슬먹은 거미줄이 착착 달라붙는다.

새벽 6시 반.

상주시 화서면과 모동면을 잇는 신의터재다.
큰 표지석 뒷면에 신의터재 내력이 적혀있다.

임진왜란 이전에는 신은현(新恩懸)이라 불렀다.
  임진왜란 때 의사 김준신이 이 재에서 의병을 모아 최초의 의병장으로 상주진에서 많은 왜
병을 도륙하고 임진년 사월이십오일 장렬하게 순절한 사실이 있은 후부터 신의터재라고 불렀
으나, 일제 때 민족정기 말살정책의 일환으로 어산재로 불리게 되었고, 문민정부 수립 후 광복
50주년을 맞이하여 민족정기를 되찾고 후손들에게 이 사실을 알려 교육의 장으로 삼고자 옛
이름인 신의터재로 다시 고치다.

하늘이 컴컴해지면서 빗방울이 떨어진다.
라면을 끓이는데 으슬으슬 한기가 든다.
배낭에서 꺼낸 식은 밥에 개미가 붙어있다.
엊저녁 지기재에서 붙어온 개미다. 개미는 죽어서 신의터재의 흙이 될 것이다.

아침 7시 20분.
거미줄이 얼굴과 눈에 계속 달라붙는다.
배낭이 무거워지고 발걸음 떼어놓기가 힘들다.
땀 냄새를 맡고 온갖 벌레가 쉴 새 없이 달려든다.
사람의 몸도 숨 끊어지면 금방 썩겠지……
지금 이렇게 살아있다는 게 얼마나 고맙고 감사한 일인가.

아침 8시 반.
아들은 자꾸 뒤처지기 시작한다.
"야, 힘드냐?"
"괜찮아."
"너 학기말 시험 언제 보냐?"
"7월 1일."
"얼마 안 남았네."
"3주."

"국영수 공부 좀 하냐?"
"그럼."

아침 9시.
무지개산(437.3m)이다.
무지개는 없고 골바람만 쏴아아~.
웃통을 벗었다. 백두대간 반신욕이다. 피부에 파
릇파릇 생기가 돈다. 피톤치드 효과다. 아들이 카
메라를 꺼냈다.
아들의 카메라에 들꽃이 들어온다.

오전 9시 반.
나무 그늘이다. 졸음이 밀려온다.
팔을 힘껏 쳐들고 심호흡을 했다.
"야, 너 어른 되어서 대간 종주 또 할 수 있을까?"
"그건 아무도 모르지."
"너가 모르면 누가 아냐?"
"아빠, 그런데 이 죽을 고생을 다섯 번씩이나 하는 사람은 어떤 사람일
까?"
"대전 목원대 표언복 교수님이다."
"정말 대단한 사람이네."

오전 10시 20분.
장수하늘소가 배를 뒤집고 누워있다. 장수하늘소의 몸에 개미떼가 새카맣다.
장수하늘소의 몸은 개미 밥이 되고, 개미는 죽어서 나무 밥이 된다.
자연은 삶과 죽음의 끝없는 순환이다. 살아 있는 것은 죽고, 죽은 것은 산
자의 몸속에서 다시 태어난다.

오전 11시.
윤지미산(538m)이다.

돌무덤 앞에 배낭을 내려놓고 털썩 주저앉았다.

눈을 감고 있으니 귀가 멍멍하다.

"아빠, 왜 윤지미산이야?"

"성이 윤이고 이름이 지미다."

"거짓말."

이제는 물도 바닥나고, 몸도 천근만근이다.

멀리 속리산으로 이어지는 마루금 사이로 봉황산이 우뚝 솟아있다.

긴 내리막을 달려가는 아들의 얼굴이 밝고 생기 있다.

"나 집에 가면 목욕탕 갔다 와서 실컷 자야지. 늦잠자도 깨우지 마."

"그래, 알았다."

집과 휴식에 목말라 하는 사춘기 아들이 애기 같다.

낮 12시 15분.

화령재다.

정자각 편액에 내력이 적혀있다.

상주와 보은이 만나는 화령은 교통의 요지이며, 넓은 지역이다.

신라시대에는 화동, 화서, 화북, 화남 4개 면을 합쳐 화령현이라고 했고, 모동, 모서면은 중모현이었다.

당시 상주목 아래 화령현과 중모현을 중화(中火)라고 불렀다. 고려시대부터 열렸던 화령장은 보은과 상주에서도 많은 장꾼들이 몰려와 성황을 이뤘으며, 요즘도 3, 8일장이 열리고 있다.

관광버스 한 대가 서 있다.

금수강산산악회 대간 종주팀이다.

"야! 아버지와 아들 정말 대단하시네요. 그런데 그렇게 큰 배낭 메고 다니

시면 무릎 다 망가져요. 앞으로 산 오래 타려면 가볍게 메고 다니세요."

"예, 고맙습니다."

"아빠, 우리 지난번 산행 때 밥 줬던 금수강산산악회 아저씨들이 타고 온 버스 같은데?"

"그래, 맞다. 참 좋은 인연이다."

"어떻게 또 만났네. 차아암~ 진짜 세상 좁네, 좁아."

"그러니 남하고 원수지면 안 된다."

"진짜 그러네."

집으로 돌아오는 길 문경휴게소다. 아들은 튀김우동, 나는 김치우동이다.

"아빠, 오늘 먹은 우동 맛은 오래도록 잊지 못할 거야."

10코스 화령재 ~ 봉황산 ~ 비재 ~ 갈령삼거리 ~ 갈령

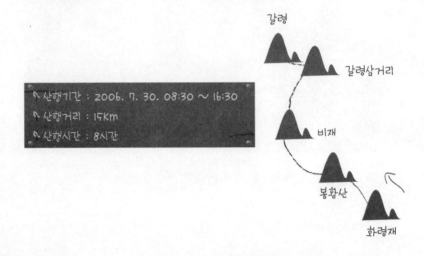

산행기간 : 2006. 7. 30. 08:30 ~ 16:30
산행거리 : 15km
산행시간 : 8시간

갈령
갈령삼거리
비재
봉황산
화령재

등목

"지수야, 아빠 등에다가 물 좀 끼얹어라."
계곡물이 얼마나 차가운지 닭살이 돋는다.
"야, 너도 엎드려봐. 야 인마, 엉덩이 좀 바짝 치켜 올려."
계곡물에 수건을 적셔 등판에 물을 끼얹자,
"으어어! 차가워. 아빠, 그만해. 어어, 그만해."

"지수야, 기상청 홈페이지 좀 들어가 봐라."

"아빠, 내일 비 온데."

"아니, 다른 데는 수해가 나서 난린데 어딜 갈려고 그래요?"

휴가기간 내내 장맛비가 계속되니 오도 가도 못한다. 거실 구석에 꾸려둔 배낭은 일주일째 그대로다.

기상청에 의하면 올 장마기간(6월 14일 ~ 7월 27일) 동안의 누적 강수량은 713.3mm로서, 이는 지난 73년 이후 최고기록이라고 한다.

제4호 태풍 빌리스와 제5호 태풍 개미는 장마전선에 많은 수증기를 공급하여 짧은 시간에 엄청난 비를 쏟아 부었다.

"그런 광경은 처음 봤어요. 글쎄 나무 수백 그루가 공중에 선 채로 마을로 다가오더라고요. 처음엔 저게 뭐지? 하고 눈을 의심했습니다. 그런데 다시 보니 뿌연 빗발 속에 한 아름되는 나무들이 서서 마을로 내려오더라고요. 기겁을 하고 핸드폰만 들고 산으로 뛰었지요."

"난 처음에 그게 뭔지 몰랐습니다. 아파트만한 산더미들이 뒤에 차례로 줄을 서서 내려오는 게 보였어요. 본능적으로 내뛰었지요. 나중에 보니 내가 밤나무 위에 올라가 있더라구요."

(2006년 7월 24일자, 〈한겨레신문〉, '고형렬 시인이 찾은 고향 인제 수해현장' 중에서)

폭우는 많은 터와 생명을 거두어 갔다.
그러나 살아남은 자들은 다시 살기 위해 일상으로 돌아갔다.
장마가 물러가고 구름 사이로 파란 하늘이 환하다.

아침 8시.
함창 IC를 지나 갈령재다.
갈령 표지석 옆에 승용차를 세우고 택시를 불렀다.
화북 사는 '대간전문 택시기사' 이진식 씨다. 그는 화령재까지 가는 동안 산 타는 사람들을 태워주면서 겪었던 갖가지 사연들을 재미있게 풀어놓는다.

아침 8시 45분.
화령재 밑 화북삼거리다.
장마 뒤 산길은 물 먹은 솜이다.
아들의 신발 끈을 다시 매어준다.
이번 산행을 위해서 아들에게 비싼 배낭과 땀 배출 잘되라고 2만 5천 원짜리 팬티까지 사 입혔다.
아들을 데리고 온 것이 아니라 아예 모시고 왔다. 그래도 안 간다고 배 째라고 버티는 것보다야 훨씬 낫다.

비에 젖은 소나무 숲은 온통 물기로 출렁인다.
비를 머금은 바람이 쏴아아~ 불어온다. 땀을 식히기에는 최고다.

"아빠, 팬티가 달라붙어서 짜증나."
"야, 그래도 그게 기능성 팬틴데. 그러면 나중에 아빠거랑 바꿔 입자."

오전 9시 반.
해가 나기 시작하면서 열기가 훅훅 느껴진다.
산불감시초소 오르막이다.
얼굴에서 땀이 뚝뚝 떨어진다. 등에서는 땀이 줄줄 흐른다. 몸은 샘터고, 땀은 샘물이다.
"아빠, 멈춰! 좀 쉬었다가 가자."
"야, 한 시간도 안됐는데 뭐 벌써 그러냐?"

오전 10시.
산불 감시초소다.
안개구름 사이로 속리산이 보였다가 사라진다.
"밥을 너무 빨리 먹었나?"
"야, 배고프면 사과 한 개 꺼내먹어라."
아들은 복숭아를 꺼내서 맛있게 먹는다.

복숭아는 아들이 좋아한다고 아내가 싸준 특별 간식이다.
"야, 어떻게 먹어보란 말도 없이 너 혼자 먹냐?"
"아빠 미안해. 배가 고파서……."

봉황산 가는 길, 땅에서 열기가 훅훅 올라온다. 여름 숲은 물을 품고 격렬하게 타오르는 불꽃이다.
여름 숲속에서 물과 불은 상생한다.

오전 10시 반.
여수에 사는 60대 부부 산행자를 만났다.

그들은 우리처럼 대간 줄기 이어가기가 아니라 그때그때 남북을 오가며 대간 종주하는 모자이크 산행이다. 이제 다섯 구간을 남겨두고 있다고 한다.

"아! 부럽습니다……. 그리고 대단합니다."

"아니요. 저는 오히려 두 분이 더 부럽습니다."

"우리는 아들이 둘인데 큰놈이나 작은놈이나 딱 한번 따라오고는 그 다음부터는 안 따라 오더라고요."

오전 10시 40분.

봉황산 정상이다.

작은 표지석과 고추잠자리의 비행이 그림이다.

안개구름에 가려 전망은 없지만 그래도 정상은 정상이다.

우리가 부럽다며 연신 칭찬하는 마음씨 좋은 아줌마를 만났다.

"아이고, 잘 나올랑가 모르겠네요."

찰칵!

비재 가는 암릉구간이다.

비에 젖은 바위가 몹시 미끄럽다.

"아빠, 저 소나무 참 멋있다."

큰 바위 꼭대기에 자리 잡은 굽은 소나무다. 소나무에서 품격이 느껴진다. 비바람 맞으며 살다 온 인고의 세월이 들어있다.

"아! 어지러워. 오늘 왜 이러지?"
"야, 맨날 컴퓨터 앞에 있어서 그렇지."
"땀이 좍좍 빠지네."
"복숭아 하나 꺼내 먹어라."
바위에 걸터앉아 시원한 바람을 쐬며 복숭아를 참 맛있게 먹는다.

숲은 물먹는 하마다.
숲은 산소의 보고다.
대간 산행은 산림욕이다.

낮 12시 반.
하늘을 향해 쭉쭉 뻗은 낙엽송 숲을 지나자 철계단이 나타난다.
상주시 화남면과 외서면을 잇는 비재(해발 330m)다.
비재는 날아가는 새 모습과 같다고 해서 비조령이라고도 부른다.

땀을 많이 흘려서 그런지 현기증이 난다.
점심은 늘 그렇듯이 라면과 밥이다.
라면 끓이는 데는 아들이 선수다. 얼마나 배가 고픈지 아들은 스프를 손가락으로 찍어먹는다.
라면 3개와 밥 2공기, 풋고추와 김치가 금방 동이 난다.
밥그릇 속으로 땀방울이 떨어진다.
"아! 맛있다~~."
"휴우우~ 이제 기운이 난다."

오후 1시 10분.

다시 출발이다.

도로를 건너는데 금 긋는 차가 지나간다.

"야아~ 기가 막히게 긋네."

"우리도 지금 백두대간 마루금을 긋고 있다."

"참! 말도 안 돼. 금도 금 나름이지."

깔딱고개를 올라서니 배가 쑥 꺼진다.

얼굴은 땀범벅이고 목이 탄다.

여름 산행에서 물은 생명수다. 우리는 서로 물이
먹고 싶어도 꾹 참고 있다. 물이 없으면 어떻게 되
는지 잘 알고 있기 때문이다. 먹자는 육신과 참자는 마음과의 싸움이다.

오후 1시 50분.

장맛비를 뚫고 들꽃이 피었다.

살아있는 것들은 다 아름답다.

아들이 카메라에 들꽃을 담는다. 들꽃을 담는 아들의 표정이 들꽃보다 더
환하다.

폭우에 꺾여 땅에 떨어진 나뭇가지와 이파리가 새카맣다. 나무에 붙어 있
을 때는 눈부시게 푸르렀는데…….

삶과 죽음은 색깔이다.

나무 이파리는 썩어서 흙이 되고 흙은 다시 나무의 자양분이 된다.

오후 2시 40분.

못제다.

연못은 없고 희미하게 흔적만 남아있다.

서기 900년 후백제를 세운 견훤이 못제 맞은편 대궐터산(청계산, 873m)에 산성을 쌓은 다
음 세력을 넓혀가기 시작하자, 신라장수 황충이 부하를 시켜 견훤이 승승장구하는 비법이 어
디에 있는지 알아오게 하였다.

그랬더니 견훤은 전투하러 나가기 전에 이곳에서 목욕을 하여 힘을 얻는다는 사실을 알아

내었다.

황충은 견훤이 지렁이의 자손이며, 지렁이는 소금물에 약하다는 것을 알고, 이 연못에 소금 300석을 몰래 풀어 견훤의 힘을 꺾었다고 한다.

견훤이 목욕하던 곳에 모기떼가 극성이다.
모기떼에 쫓겨 못제 탈출이다.
숲속에서 물바람이 난다. 알몸으로 바람을 쐬니 찬물을 끼얹는 듯 시원하다. 땀에 찌든 피부가 좋아라 소리친다.

오후 3시 반.
갈령 삼거리다.
형제봉과 갈령재 갈림길이다.
속리산 천황봉으로 이어지는 형제봉을 뒤로하고 오늘은 갈령재로 하산이다.
땀 냄새를 맡고 하루살이가 달려든다.
"아빠, 이제 물 다 먹어도 되지?"
"그래! 다 먹어라."
아들의 목울대가 불룩불룩한다.
"휴우~ 아! 이제 좀 살겠네."
"오늘 땀을 한 말은 흘렸을 거야."
"아빠, 우리 갈령 가면 계곡물에 풍덩하자."
"그래, 좋지!"

갈령 암릉 위로 속리산 연봉이 부채처럼 펼쳐진다. 천황봉에서 문장대로 이어지는 주능선이다.
작은 눈 속으로 큰 산이 들어온다. 인체의 신비이자 기적이다.

오후 4시 10분.

갈령 계곡이다.
"아빠, 물소리다."
순간 아들의 얼굴이 환해진다.

계곡물이 콸콸콸 쏟아진다.
부자 모두 발가벗고 물속으로 풍덩~.
물도 먹고, 머리도 감고, 발도 씻고……

"지수야, 아빠 등에다가 물 좀 끼얹어라."
계곡물이 얼마나 차가운지 닭살이 돋는다.
"야, 너도 엎드려봐. 야 인마, 엉덩이 좀 바짝 치켜 올려."
계곡물에 수건을 적셔 등판에 물을 끼얹자,
"으어어! 차가워. 아빠, 그만해. 어, 그만해."
"야 인마, 언제는 더워죽겠다고 난리더니 왜 그래."
"아빠, 그만해……. 아! 그만하라니깐."
등목을 하고 난 뒤 아들은,
"어엇 추워. 야아! 물 되게 차네."
"오늘 중복인데 피서 제대로 했네."
해맑은 얼굴, 행복한 표정으로 갈령 표지석 앞에서 찰칵!

아들은 오줌 누러 갔다가 풀숲에서 새끼 개구리를 잡아서 원주까지 데리

고 왔다.

　새끼 개구리를 아파트 화단에다 놓아주었다. 이제 문경 개구리는 원주 개구리가 되었다.

　　당신의 아이는 당신의 아이가 아니다
　　아이는 그 자체를 갈망하는 생명의 아들딸이다
　　아이는 당신을 통해 왔지만 당신으로부터 온 것이 아니다

　　아이는 당신과 함께 있지만 당신의 소유물이 아니다
　　당신은 아이에게 사랑은 주어도 좋지만
　　당신의 생각을 주어서는 안 된다
　　당신은 아이의 육신은 집에 두어도 좋지만
　　정신을 가두어서는 안 된다
　　아이의 정신은 당신이 방문할 수 없는 내일의 집에 살지
　　당신의 마음속에 사는 것이 아니기 때문이다

　　당신은 아이를 좋아하기 위해 애써도 좋지만

아이가 당신을 좋아하도록 요구해서는 안 된다
인생은 뒤로 가는 것이 아니며
어제에 머물러서는 안 되기 때문이다
당신은 살아있는 화살인 당신의 아이들을
앞으로 나아가게 하는 사람이다.

(칼릴 지브란의 《예언자》 중에서)

STEP 셋.
너는 이제 진짜배기 대간꾼이다

11코스 갈령 ~ 피앗재 ~ 천황봉 ~ 문장대 ~ 밤티재

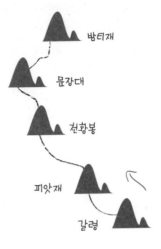

밤티재

문장대

천황봉

↱ 산행기간 : 2006. 8. 15. 08:30 ~ 20:30
↱ 산행거리 : 18Km
↱ 산행시간 : 12시간

피앗재

갈령

아들아! 밧줄을 잡아라

자칫 미끄러지기라도 하면 크게 다칠 수도 있다.
"야, 밧줄을 꼭 잡고 한 발, 한 발 내려와."
......
"야 인마! 다리 사이에 밧줄을 넣으라니까!"

"아버지 학교를 다닌 것은 내 인생 최고의 특혜였다.
내가 다닌 아버지 학교는 무슨 거창한 현판이 걸린 학교가 아니었다.
교재가 준비되어 있고, 따로 교실이 마련된 학교도 아니었다.
아버지가 몸져 누워있던 방이 교실이었고, 병든 아버지의 결코 평탄치만은 않았던 삶의, 곡절 많은 이야기들이 교재라면 교재였다.
그 학교의 유일한 선생님은 아버지였고, 유일한 학생은 나였다.
밤하늘의 별자리를 익힌 것도, 나름의 인생 셈법을 배운 것도 모두 거기에서였다. 결국 오늘의 나를 만든 것은 바로 아버지 학교였다."

(2006년 8월, 〈중앙일보〉, '정진홍의 소프트 파워' 중에서)

8월 15일 새벽 4시.

곤하게 잠들어 있는 아들을 깨웠다.

이른 새벽 아들을 깨우는 일은 아비의 몫이다.

아내는 대간 산행 때마다 새벽밥을 짓는다. 밥에는 아내의 사랑과 정성이 담겨있다.

집을 나서는 아들의 얼굴에서 졸음이 묻어난다.

중부내륙고속도로는 백두대간 접근로와 맞닿아 있다.

괴산 ~ 연풍 ~ 문경새재 ~ 함창 등은 모두 대간 마을이다.

늘재에 도착하니 큰 나무 밑에 누렁이 한 마리가 졸고 있다.

그놈은 축 늘어져서 눈을 반쯤 떴다 감았다 한다. 이 정도 되면 '개 팔자도 상팔자'다.

"짜식, 복날을 용케도 피했네."

늘재에서 택시를 불렀다.

단골을 몰라보고 폭리다. 서운하고 씁쓸하기 짝이 없다.

아침 8시 30분.

갈령 표지석이다.

바람 한 점 없는 숲은 열기로 가득하다.

산행을 시작하자 몸은 금세 땀범벅이다. 땀 냄새를 맡고 하루살이가 달려든다.

"얘들아! 진짜 너무한다. 이제 좀 그만해라."

하루살이한테는 말도, 손부채도 소용없다.

참으로 끈질기고 집요하게 달라붙는다.

만약 사람관계였다면 상처받고 원한이 맺혔을 게다.

오전 9시 40분.

형제봉(828m)이다.

천황봉과 문장대를 잇는 속리산 풍광이 한눈에 들어온다.

산 능선 위로 뭉게구름이 둥둥 떠 있고 허공을 선회하는 잠자리떼의 비행이 압권이다.

산에 오면 마음이 단순해진다. 오로지 먹는 생각, 쉬는 생각뿐이다.

마음은 몸의 요구에 민감하게 반응한다.

오전 10시 40분.

피앗재다.

천황봉과 만수동 계곡, 갈골 갈림길이다.

이곳에서 천황봉까지는 5.8km, 만수동까지는 30분이다.

"야! 금수강산이다."

용문산에서 만났던 서울 금수강산산악회 리본이다.

그때 밥과 국, 과일을 주었던 고마운 분들이 떠오른다. 아들은 그들의 고마움을 잊지 않고 있다.

천황봉 가는 길.

모기와 하루살이가 계속 따라온다. 이럴 때 선글라스가 있었으면 참 좋았을 텐데!

안경이 없으니 목수건으로 얼굴을 가린다.

그러나 눈 속으로 하루살이 한 마리가 고공침투를 감행한다.

"지수야, 아빠 눈 좀 불어봐라."

"후~ 후~."

"야 인마! 좀 세게 불어라."

"에이! 후~~~~."

"야, 너는 괜찮냐?"

"응."

"안경 쓴 사람이 좋을 때도 있구나."

한참동안 눈을 비비고 나니 눈앞이 뿌옇다. 이제는 전망이고 뭐고 하루살이만 없었으면 좋겠다.

"아! 하루살이 없는 세상에 살고 싶다."

산행 3시간째.

기력이 떨어지기 시작한다.

전날 수면부족, 운전 등으로 컨디션 제로다.

속리산 가는 길은 고생길이다.

세속을 떠나는 길이 편할 리야 없지만은 한여름 대간 산행은 정말이지 지루하고 힘들다.

"아빠, 진짜 죽을 맛이다. 산에 오지 말고 집에서 얼음 수박이나 먹고 드러누워 있을 걸."

볕은 점점 달아오르고 우리는 점점 지쳐가기 시작한다. 그래도 이제는 천황봉이 눈앞이다

"아빠, 나 진짜 아무 생각도 안하고 올라왔어."

"여기가 바람 한 점 없는데, 시내는 얼마나 더울까?"

낮 12시 20분.

허기가 진다.

"아빠, 라면 끓여먹자."

"아, 참! 라면 안 가지고 왔다."

"에이~."

아들은 실망하는 표정이 역력하다.

"물을 아껴서 좋기는 한데 할 수 없지 뭐."

맨밥과 김치 그리고 마른 반찬으로 요기를 하고 뚜껑을 닫는데 코펠이 산밑으로 돌돌돌 굴러 떨어진다.

코펠을 주우러 200m 가량 내려갔다오니 배가 푹 꺼진다.
"아까 밥 먹었던 거 벌써 다 내려갔다."
"아빠, 그거 그냥 내버려두고 가지 그래."
"짜샤! 밥통을 어떻게 내버려 두고 가냐."
"라면도 안 가져오고 밥통까지 굴러 떨어지고 오늘 고생 좀 하겠다."

오후 1시 반.
전망바위다.
시야가 확 트이면서 속리산 전망이 한눈에 들어온다.
산 능선이 파도처럼 물결친다.
아들은 지나온 길을 바라본다.
"아빠, 우리가 저 뒤에서 이곳까지 어떻게 왔을까?"
"정말 대단하다. 나도 믿어지지 않는다."
"산이 전부 바위네."
"바위산은 남자 산이다."

오후 2시.

천황봉 아래 묘 삼거리다.
"아이고 죽겠다."
아들도 나도 묘 앞에 다리를 쪽 뻗고 드러누웠다.

현기증이 나면서 하늘이 빙빙 돈다.
검은 구름이 몰려온다. 소나기라도 확 쏟아졌으면 좋겠다. 비를 맞으며 이
대로 잠들고 싶다.
그래도 가야만 하는 길, 대간 길, 인생길이다.

해발 1,000m, 이제 하루살이는 없다.
하루살이의 극성도 해발 1,000m는 넘지 못한다.
인간사 세상살이도 그럴까?

오후 2시 반.
천황샘이다.
샘터만 있고 물은 없다. 오아시스를 기대했는데 실망이다.
기대가 크면 실망도 크다.
땀범벅 눈물범벅······. 정상으로 가는 길은 험하기만 하다.

오후 2시 50분.
드디어 속리산 천황봉이다.
"아빠, 우리는 해냈다."
"그래, 수고했다."
"아빠도……."
아들을 껴안았다. 눈물이 핑 돈다.

산이 깊으면 골도 깊고, 고통이 크면 기쁨도 크다.
잠자리가 줄지어 날아다닌다. 잠자리는 모자에도 수첩에도 내려앉는다.

천황봉 표지석이다.

"이곳은 조선의 삼대 명수, 삼파수, 달천수, 우통수 중 삼파수의 발원지입니다. 삼파수는 동으로 낙동강, 남으로 금강, 서로 남한강으로 흐르는 물을 말하며, 이곳 천황봉에서 나누어 진다."

(1994년 10월, 속리산 번영회)

속리산 최고봉인 천황봉은 한남금북정맥의 분기점이다.
천황봉은, '대동여지도'에는 천왕봉, '신증동국여지승람'에는 구봉산으로 표기되어 있으나, 일제시대 때부터 천황봉으로 불렀다고 한다.

속리산은 세속을 떠난다는 이름과는 달리 세속적인 얘기가 전해져오고 있는데 이성계가 이곳에서 혁명을 꿈꾸며 백일기도를 올렸으며, 그의 다섯째 아들 이방원이 왕자의 난을 일으켜 형제를 두 명이나 죽이고 참회의 눈물을 흘린 곳도 이곳이라고 한다.
또한 세조의 가마가 지나가자 나뭇가지를 들어 올렸다는 정이품송, 세종이 일주일간 머물며 법회를 열고 크게 기뻐했다는 상환암(上歡庵), 세조가 목욕했다는 은폭(隱瀑)과 그때마다 학이 세조의 머리위에 똥을 떨어뜨렸다는 학소대 등이 있다.

오후 3시 20분.
천황석문 삼거리를 지나는데,
"아빠, 지금 어디로 가는 거야? 산 능선은 위쪽인데 지금 내려가고 있잖

아.”
　지도를 펼쳐보니 아차 길을 잘못 들었다.
　내려가던 길을 다시 올라오자니 힘이 배로 든다.
　내려오던 스님이 말했다.
　“아이고! 일찍 깨닫고 올라오시네.”
　“아빠, 깨달았다는 말이 무슨 말이야?”
　“스님들이 도 닦을 때 쓰는 말이다.”

　오후 4시 반.
　신선대휴게소다.
　콜라와 아이스크림을 먹고 싶었는데 콜라만 판다.
　콜라 맛이 꿀맛이다.
　“아빠, 시내에서는 500원인데 너무 비싸다.”
　“아무 말 말고 그냥 먹어라.”
　너무 지쳐서 입석대, 경업대 등 속리산 주능선의 멋있는 경관도 눈에 들어
오지 않는다.
　빨리 문장대휴게소에 도착해서 쉬고 싶은 생각뿐이다.

　오후 5시.
　문장대(1,054m)다.

속리산 비로봉, 관음봉, 천황봉과 함께 고봉을 이루고 있으며, 큰 암석이 하늘로 치솟아 구름과 맞닿는 듯한 절경을 이루고 있어 일명 운장대(雲臟臺)라고도 한다.

넓은 공터에 휴게소가 있다. 사람들이 썰물처럼 빠져나간 휴게소는 고즈넉하다.

"아빠, 우리 라면 사먹자. 밥도 달라고 하고, 물도 한 병 사먹자."

아들은 컵라면 2개와 밥 2공기를 순식간에 먹어치운다.

"야, 너 배 많이 고팠구나?"(휴게소 주인)

나는 우선 시원한 캔 맥주로 입가심부터 하고…….

"콸콸콸……."

"휴우우~ 이제 살겠다."

"아아~ 이제 살 것 같다."

먹고 쉬는 데 생사가 달려있다.

표지석 옆 '출입금지 비지정 등산로'가 백두대간 길이다.

나무울타리를 훌쩍 뛰어넘는데 사람들이 이상한 눈으로 쳐다본다.

여기서부터는 유격훈련을 방불케 하는 바위지대가 시작된다.

문장대 ~ 밤티재는 백두대간 중에서도 손꼽히는 암릉구간이다. 때로는 바위에 매달리고 때로는 기어가야 한다. 바위는 고소공포증과 함께 삶과 죽음의 선택을 강요한다.

"항상 몸을 낮추고 맑은 정신으로 걸어 들어왔던 초심을 놓지 말아야 대자연의 품에 안기고 살아 돌아올 수 있다.

성공이든 실패든 하늘의 뜻이고, 하늘이 돌아가서 다시 오라고 말한다면 하산하는 것이다."

(엄홍길의 《8,000미터의 희망과 고독》 중에서)

오후 5시 50분.

암릉 바위타기가 시작된다.

바위 사이로 난 개구멍 통과하기, 외나무다리 건너기, 바위 잡고 내려오기 등 산행이 아니라 유격훈련이다.

직벽바위 사이로 긴 밧줄이 놓여 있다. 밧줄을 잡고 조심조심 내려오는데 진땀이 난다.

다음은 아들 차례다.

자칫 미끄러지기라도 하면 크게 다칠 수도 있다.

"야, 밧줄을 꼭 잡고 한 발, 한 발 내려와."

…….

"야 인마! 다리 사이에 밧줄을 넣으라니까!"

…….

"겁먹지 말고, 그래그래……. 응……. 됐어. 그래, 잘했어."

오후 6시 반.

산속에 어둠이 깔리기 시작한다.

더 어두워지기 전에 바위지대를 통과해야 하는데 마음이 다급해진다.

다시 개구멍과 위험한 바위지대를 통과하는데 날이 어두워서 밧줄이 잘 보이지 않는다. 자칫 잘못하다가 넘어지기라도 하면 큰일이다.

밧줄을 잡고 내려왔는데 깜박하는 사이 길이 뚝 끊어진다.

"야, 자꾸 나만 따라오지 말고, 너 있는 데서 길 좀 찾아봐."

"아빠, 지도 좀 펼쳐봐. 여기가 어딘지 모르겠어."

랜턴을 켰지만 날이 어두워서 잘 보이지 않는다.

길을 찾느라고 오르락내리락하면서 30분을 헤맸다.

"야, 우리가 밧줄타고 내려온 마지막 지점까지 올라가자. 무조건 거기까지 가서 다시 길을 찾아보자."

얼굴에서 땀이 비 오듯이 뚝뚝 떨어진다. 두려움 때문에 나는 식은땀이다.

"만일 길을 못 찾으면 내일 새벽까지 바위 밑에서 밤새워야 돼."

"복숭아 2개하고, 자유시간 3개 있으니까 괜찮아."

아들은 어디에서 저런 여유가 나오는지 신기하다.

"지수야, 길 찾았다. 아! 이리로 갔어야 되는데."

"아! 여기였구나. 이제 살았다."

"앞으로 산 다니다가 길을 잃으면 무조건 원점으로 돌아가서 다시 시작해

라."

아들에게 산 공부는 산지식이 된다.

저녁 7시 10분.

입석바위다.

"아빠, 다리에 쥐가 났어……."

아들이 밧줄을 타고 내려오다가 근육이 뭉쳐서 고통스러워한다.

"야, 그래도 줄 꼭 잡고 여기까지는 내려와야 돼."

"응, 알았어."

그저 바라보고만 있자니 숨이 막히고 애간장이 탄다.

겨우 내려온 아들의 바지를 걷어 올리고 물파스를 발랐다.

아들이 말했다.

"바다에서 사람을 구하려다가 쥐가 난 사람을 이해하지 못했는데 이젠 이해가 돼."

역지사지(易地思之)의 생생한 체험이다.

그 순간 핸드폰이 울린다. 아내의 전화다.

멀리 떨어져 있어도 역시 텔레파시가 통한다.

너무 무리하지 말라고 하지만, 괜찮다고 둘러댄다.

저녁 7시 반.
이제 산은 짙은 암흑이다.
내 랜턴은 고장이고, 아들 랜턴은 정상이다.
불빛 하나에 의지해서 칠흑 같은 어둠을 뚫고 내려가야 한다.
"지수야, 내 뒤에 바짝 붙어라."
"응, 알았어."

저녁 8시.
산속 기온이 뚝 떨어지면서, 으슬으슬 한기가 든다.

저녁 8시 반.
가까이에서 찻소리가 들리고 불빛도 보인다.
"아빠, 불빛이다."
"그래, 이제 밤티재 다 왔다."
"야! 성공이다. 아! 이 맛이야. 내가 이래서 온다니까."
다 죽어가던 아들 입에서 나온 말이 '아! 이 맛'이란다.
아들도 이제 대간 타는 맛을 느끼는 것일까?
아들이 느끼는 맛이란 아마도 성취감일 게다.
악수와 함께 힘차게 아들을 껴안았다. 눈물이 핑 돈다.
12시간 사투 끝에 밤티재에 도착하니 몸이 축 늘어진다.

길은 몸으로 밀고 나간 만큼만의 길이다.
그래서 길은 인간의 뒤쪽으로만 생겨난다.
길은 어디에도 없고, 길은 다만 없는 길을 밀어서 열어내는 인간의 몸속에 있다. 몸만이 길
인 것이다.
올라가기와 내려가기가 다르지 않고 전진과 후퇴가 다르지 않다.
세상에 길이란 없다. 몸이 길이고 길이 몸이다.

(소설가 김훈)

"아빠, 차 부르자."

그냥 나무 밑에 텐트를 치고 잤으면 좋으련만 아들은 오로지 집 생각밖에 없다.

화북택시를 타고 늘재에 도착하니 나무 밑에 있던 누렁이는 온데간데 없고 승용차만 덩그라니 남아있다.

괴산휴게소다.

잠시 눈을 붙이고 다시 출발하려는데 창밖에 사마귀 한 마리가 붙어있다.

"야, 그만 내려와라. 안 내려오면 그냥 간다."

사마귀를 차에 달고 고속도로를(시속 110km) 달리는데 녀석은 차창에 착 달라붙어서 꿈쩍도 않는다. 고개는 푹 숙이고 날개는 붙인 채 그 엄청난 바람을 견디어낸다.

당랑거철(螳螂拒轍)이 아니라 당랑거풍(螳螂拒風)이다. 비록 곤충이지만 살아남기 위해 애쓰는 모습이 외경스럽다.

곤충의 세계는 적자생존이다.

사마귀는 충주휴게소에 도착해서야 폴짝 뛰어내린다.

사마귀한테서 또 한 수 배운다.

사마귀야! 그럼 안녕……

12코스 밤티재 ~ 청화산 ~ 밀재 ~ 대야산 ~ 버리미기재

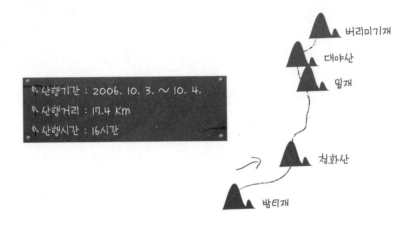

- 산행기간 : 2006. 10. 3. ~ 10. 4.
- 산행거리 : 17.4 ㎞
- 산행시간 : 16시간

버리미기재
대야산
밀재
청화산
밤티재

"버려야 산다"

"그러면 지금부터 불필요한 것은 모두 버려라.
물도 한 병 버리고, 나무작대기도 버리고, 대소변도 보고……."
버리자. 버려야 산다.
인생에서도 생사를 걸고 뭔가를 결단해야 할 때는 이렇게 버려야 한다.

"아저씨, 산 탈라꼬요?"

"예, 그렇습니다."

"어데까지 갈라꼬요?"

"늘재까지요."

"어데서 왔어요?"

"원주에서요."

"산불조심기간에 산 탈라카면 산림청의 허가를 받아야 됩니데이."

"한번만 봐 주십시오."

"그카면 사람들 안 볼 때 빨리 올라가소."

182 아들아! 밧줄을 잡아라1

밤티재에서 만난 그는 50대 산불감시원이다. 까무잡잡한 피부, 독수리 눈, 쭉 내민 입술, 각진 턱에 빨간 모자까지. 아이고, 잘못 걸리면 국물도 없겠다.

이럴 땐 산불감시원이 왕이다. 그저 싹싹 비는 수밖엔 별도리가 없다. 궁즉통(窮則通)이라고 빌면 다 통하게 되어 있다. 어찌 됐든 난관을 돌파하는 놈이 최고다.

그는 수첩을 꺼내들고 도로 옆에 서 있는 승용차 번호를 적었다.

오늘 버섯 따러 왔다가 배보다 배꼽이 더 큰 사람들 생기겠다.

"아빠, 빨리 가자. 저 아저씨한테 걸리면 벌금 50만 원이지?"

"그럼. 차량번호 조회해서 벌금 매기겠지."

"야아! 겁나네."

아들은 경사길을 재빨리 올라간다.

물과 쌀 등으로 빵빵한 배낭무게는 15kg다.

'짜식 평소 같으면 엄청 무겁다고 징징댔을 텐데……'

오전 10시 반.

밤티재와 속리산 능선이 한눈에 들어온다.

바위에 걸터앉아 솔바람을 맞으니 정신이 번쩍 난다.

산속은 쓰르라미 소리로 가득하다.

계절은 색깔이자 소리다. 매미는 가고 쓰르라미가 왔다.

갑자기 발밑이 물컹하다.

"으으으으으~~~~."

뱀 꼬리다.

"야아! 뱀이다, 뱀."

순간 눈이 동그래지고 가슴은 쿵덕쿵덕 흐읍 숨이 멎는다. 깜짝 놀라 발을 뒤로 빼고 물러서자 뱀도 깜짝 놀란 듯하다. 그래도 뱀은 침착함을 잃지 않고 고개를 빳빳하게 쳐들고 주변을 한번 휘이 둘러보더니 몸을 구불거리며 천천히 수풀 속으로 사라진다.

"휴우~. 십년감수했네."

오전 11시.

뱀에 놀란 탓인지 기운이 하나도 없고 허기가 진다.

뭐니 뭐니 해도 배고플 땐 라면이 최고다. 라면 국물에 밥을 말아서 된장에 매운 고추를 푹 찍어 먹으니 그제서야 기운이 난다.

오전 11시 50분.

늘재다.

늘재는 경북 상주시 화북면과 충북 괴산군 청천면을 잇는 백두대간 고개다.

성황당 앞에 320년 된 음나무가 서 있다.
1982년 10월 26일 보호수로 지정되었고, 품격은 면나무다.
"아빠, 나무에도 품격이 있나?"
"사람은 인격, 나무는 목격이다."

늘재에서 청화산을 쳐다보니 하늘에 닿아있다.
앞으로 두 시간, 한숨이 절로난다.
그러나 천릿길도 한걸음부터다.
인적 없는 산길엔 바람소리뿐 정적이 흐른다. 산에 들면 정신이 맑아지고
마음이 고요해진다.
입산 대침묵 시간이다. 산에서 인간의 언어는 공허하다. 입을 닫고 귀를 열
면 산이 느껴진다.

낮 12시 반.
백두대간 정국기원단(靖國祈願壇)비다. 표지석과 소나무의 조화가 기막히다.
속리산 전체가 한눈에 들어오는 최고의 전망대다.

솔솔 부는 바람에 눈꺼풀이 천근만근이다.
"아! 참 좋다. 여기서 30분만 자고 갈까?"

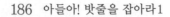

"안 돼. 자면 못 가."

가도 가도 끝없는 오르막길이다.

'한국 아이들의 힘' 자유시간 1개를 먹고 나니 힘이
솟는다.

오후 1시 45분.

천세 만세~.

드디어 청화산(984m)이다.

파란 물감을 들여놓은 표지석 뒤로 온통 빨갛고 노란 나뭇잎 단풍 지천이다.

이제 단풍은 7부 능선까지 내려가 있다.

오후 2시 30분.

산죽나무 군락이 100m 가량 이어진다.

대숲에 들어서자 정신이 번쩍 난다. 가을햇살을 받은 산죽 이파리가 눈부
시다.

길옆에 화려하고 예쁜 꽃이 피어있다.

"아빠, 저거 무슨 꽃이야?"

"천남성(天南星)이다."

"야아! 멋있다."

"화려하고 예쁜 꽃은 독이 있다. 아마 사람도 그럴 거다."

"그래도 나는 멋있는 게 좋아."

천남성 :

독이 있으며 맛은 맵고 시다.

중풍을 다스리며, 담을 없애고, 가슴이 막힌 것을 시원하게 해주며, 종기를 낫게 하고 파상
풍을 다스린다.

(남산당 간, 《동의보감》, P 1,207)

오후 3시 30분.

산그늘이 지기 시작한다.

갑자기 기온이 뚝 떨어지면서 몸이 으스스하다.

소슬바람과 쓰르라미 소리에 집 생각이 간절하다. 그래도 이순간 아들이 함께 있으니 위안이 된다.

오후 4시 10분.

갓바위재(769m) 삼거리다.

갓바위재는 조항산의 한 봉우리이면서 고모치와 함께 경북 문경시 농암면 궁기리와 충북 괴산군 청천면 삼송리를 이어주는 백두대간 옛 고개다.

궁기리는 후백제를 일으킨 견훤의 출생지다.

궁기 1리에서 백두대간을 오르면 갓바위재요, 궁기 2리에서 백두대간을 오르면 고모치다.

오후 4시.

산은 적막강산이고 해는 서산에 걸려있다.

어깨위로 잠자리 한 마리가 살짝 앉았다가 날아간다.

산에서는 계절의 변화가 온몸으로 느껴진다.

조항산 직전 암릉구간이다. 자라보고 놀란 가슴 솥뚜껑 보고도 놀란다고 지난번 속리산 구간 이후 바위와 밧줄만 보면 겁부터 덜컥 난다.

밧줄타기에 여전히 미숙한 아들이지만 무사히 통과한다.

그러나 잠시 후 바위틈에 손을 넣고 올라서는데 뱀 한 마리가 쑥 얼굴을 내민다.

"으아악!"

순간 얼굴이 하얗게 질리면서 숨이 멎는다.

"아빠! 빨리 비켜, 빨리."

"야! 살모사다. 살모사."

"우리나라에는 살모사가 없다는데."

삶과 죽음은 순간이다.

내가 만일 땅꾼이었다면, 반대로 뱀이 나를 물었더라면 둘 중에 하나는…….

그러나 우리는 상생하였으니 참 좋은 인연이다.

잠시 후 조항산(961m)이다.

'백두대간을 힘차게 걸어 땀 속에서 꿈과 희망을.' 아
아! 우리들의 山河……
(대한산악연맹 경북연맹 산들모임산악회)

표지석 뒤편으로 채석장이 보인다.
산이 바둑판같다. 마치 수술한 자리를 이리
저리 꿰매놓은 듯하다.
인간의 탐욕 앞에 산이 상처입고 신음하고 있다.

그러나 아들은 배낭을 털썩 내려놓으며,
"아빠, 사과 좀 먹자."
"야, 숨이나 좀 돌리고 먹자."
"아! 배고파 죽겠다니깐!"
"참는 것도 공부다."

오후 6시.
오늘의 야영지 고모치다.
텐트를 치고, 매트리스를 깔고, 오리털 침낭을 펴 놓으니 10분 만에 2인용
백두대간 콘도가 만들어진다.
10m 아래 샘터에서 석간수를 떠다가 밥을 하고 국을 끓이니 구수한 냄새
가 산 전체에 퍼져나간다.
"와아아~ 냄새 죽이네……. 침이 꼴깍꼴깍."

고모치의 전설 :
옛날 문경 궁기리 마을에 살던 고모가, 괴산 삼송리에 사는 조카한테 갔다가 늦게 집으로
돌아갔다.

때는 겨울이었는데 마침 폭설이 내렸다.

고모가 떠나고 폭설이 내리자 조카는 아무래도 밤길에 재를 넘어간 고모가 걱정이 되어 고갯길을 뒤따라 올라갔다.

아니나 다를까 고모는 고갯마루 서낭당 근처에서 탈진하여 사경을 헤매고 있었다. 조카는 고모를 부축하여 하산을 시도하였으나 엄청난 폭설에 그만 길을 잃고 둘 다 얼어 죽고 말았다고 한다.

고모치 전설은 고모라는 소릿값에 근거하여 고모치를 넘어 다니던 궁기리나 삼송리 사람들이 심심풀이로 지어낸 이야기일 것이다.

고갯길이란 본래가 넘기 힘든 험로이기 때문에 서로 이야기를 주고받으며 입심으로 넘기 마련인 것이다.

(문경새재박물관 간, 《길 위의 역사 고개의 문화》 중에서)

밤하늘은 온통 별천지다.

산에서 별을 보면 유난히 반짝인다.

"별이 몇 개나 될까?"

"무수히 많아."

"집에서는 왜 안 보일까?"

"공기가 맑아야 잘 보여."

"원주에서는 북두칠성밖에 안 보여."

"아빠, 달이 무척 밝다. 그지?"

"그래. 참 오랜만에 보는 달이구나."

아들과 도란도란 얘기를 나누다 보니 밥 타는 냄새가 난다.

빛, 소음, 전자파, 신문 그리고 사람으로부터 벗어나니 마음이 단순해지고 고요해진다.
"산에서는 2시간만 자도 금방 개운해져."
"왜 그럴까?"
"땅바닥에 등을 대고 자니 땅기운을 받아서 그럴 거야."
"맞아, 맞아!"
백두대간 조항산 고모치 텐트 속에 두 남자가 누워있다. 아들의 코고는 소리를 들으면서 나도 꿈나라로……

새벽 1시 반.
워어어~ 워어어~~ 우우우우~~~ 우우우~~~~.
산짐승 소리가 가까이에서 들린다.
"아빠! 아빠! 짐승소리 들리지?"
"응, 괜찮아. 아마 샘터에 물먹으러 왔겠지."
"오늘밤에는 귀신이 없겠지?"
"왜 겁나냐? 낮에 뱀도 밟았다가 살아났는데 뭐."
"아빠, 정말 그때는 아찔했어."

새벽 3시 반.
아들과 함께 누워서 주모경을 바치고 기상이다.
텐트 밖으로 나오니 으스스한 한기에 온몸이 진저리쳐진다.

새벽 4시 반.
샘터 석간수로 목을 축이고 다시 출발이다.
산길은 밤새 떨어진 낙엽으로 버석버석하다.

새벽 5시.
큰 바위에 걸터앉아 밤하늘을 쳐다본다.

밤하늘에 별들은 어찌 그리 많은지…….
저 많은 별들은 누가 다 만들었을까?
아들의 눈 속으로 별이, 아니 우주가 쏟아져 들어온다.
"도시에서는 별이 잘 안 보이는데 산에서는 별이 잘 보이네."
"빛도 때로는 공해가 되는구나."

새벽 5시 반.
산등성이로 여명이 밝아오기 시작하자 별이 하나 둘 스러진다.
아들은 지금 백두대간 학교에서 빛과 어둠의 순환을 보고, 듣고, 느끼고
있다.

새벽 6시.
사방이 환해진다.
새소리가 들려온다.
빛은 소리보다 먼저 온다.

새벽 6시 반.
밀재다.
밀재는 대야산 베이스캠프다.
넓은 공터에 네 갈래 길이 나 있다. 용추계곡, 괴산 삼송리, 할미통시바위,
대야산 길이다.

아침 7시 반.
백두대간 최고의 위험한 코스로 일컬어지는 대야산을 향하여 출발이다.

아침 8시.
암릉바위다.
바위 밑으로 깎아지른 절벽이다.
바위에 바짝 붙어서 밧줄을 잡았다.
"야, 이거 좀 안 좋은데."

"아빠, 괜찮아. 걱정 마. 나는 이런 걸 즐기는데."

대담한 아들이다.

지나온 순간은 3~4초지만 숨이 멎는 듯하다.

건너오고 보니 바위 옆으로 안전한 길이 보인다.

"참, 우리는 어떻게 위험한 길만 골라서 다니냐?"

아침 8시 반.

대야산(930.7m) 정상이다.

온 산이 파도치듯 다가온다.

장쾌한 산 물결이다.

백두대간 마루금에 키 작은 아빠와 키 큰 아들이 서 있다.

아들과 함께 표지석을 잡았다. 기도는 언제나 주모경이다.

나도 모르게 눈가에 눈물이 맺힌다.

촛대봉 하산길이다.

길은 두 갈래. 하나는 대간 마루금을 벗어나 피아골로 우회하는 길이요, 또 다른 하나는 공포의 직벽바위를 통과하는 정통 대간코스다.

선택의 순간이 다가왔다.

"지수야, 백두대간 선배들이 최고로 위험하다고 말하는 공포의 직벽바위다. 아빠는 솔직히 무섭고 겁이 난다. 지난번 종주 때 철묵아저씨가 밧줄을 잡고 이곳에 올라와서 입술이 새파래지고 허벅지에 쥐가 나서 옷핀으로 근육을 찔러서 피를 내던 곳이다. 시간은 좀 더 걸리겠지만 피아골로 돌아가자."

"아! 괜찮아. 염려 마. 그래도 대간 길로 가야지."

"야 인마, 직벽바위에 연습은 없어. 한 번 잘못되면 끝이야."

"아빠, 걱정 마."

"알았다. 그러면 단단히 각오해라."

"되돌아오는 것은 없다. 알았냐?"

"응."

"그러면 지금부터 불필요한 것은 모두 버려라. 물도 한 병 버리고, 나무작대기도 버리고, 대소변도 보고……."

버리자. 버려야 산다.

인생에서도 생사를 걸고 뭔가를 결단해야 할 때는 이렇게 버려야 한다.

오전 9시.

공포의 직벽바위다.

절벽을 내려다보니 아찔하다.

그래도 어쩌랴! 스스로 선택했고 가야만 하는 길이다.

"지수야, 내가 먼저 내려간다. 잘보고 따라 해라. 발 잘못 디디면 죽는다."

"아빠, 조심해!"

밧줄을 꼭 잡았다. 숨이 멋는다. 성공이다.

다음은 아들 차례다.

"야! 다리 사이에 줄을 넣어라. 서두르지 말고 한 발, 한 발. 그래그래, 맞아……. 좋아. 그래, 그렇지. 야! 절대로 줄 놓지 마."

"알았어. 절대로 줄 안 놓을게."

"야 인마! 나무뿌리를 잡으라니까."

간이 콩알만 해지고 머릿속이 하얘진다.

만감이 교차한다.

"아빠! 해냈어."

의기양양한 아들이다.

"그래, 좋았어. 김지수 최고다. 너는 이제 진짜배기 대간꾼이다."

아들을 껴안았다. 감동이 물결친다.

오전 9시 40분.

부자대간 종주자를 만났다.

경기도 용인에 사는 40대 선생님과 고 1 아들이다.

2년 전부터 백두대간을 시작하였는데 다른 구간은 모두 마치고 지금은 '땜방' 구간중이라고 한다.

너무도 반가워서 서로서로 악수를 나누고 이것저것 물어본다.

"야, 너 대간 다니는 게 재밌냐?"

"……."

"애들은 다 똑같아요."

"끝까지 포기하지 말고 완주해라. 아들, 파이팅!"

"네에! 아저씨, 고맙습니다."

오전 10시 10분.

촛대봉 오르는 암릉 비위다.

"아아! 사람 잡네."

"백두대간이 원래 사람 잡는 거야. 힘내라. 이제 1시간 반 남았다."

오전 10시 40분.

불란치재다.

불란치재는 문경 가은 벌바위와 괴산 관평리를 넘나드는 백두대간 옛 고개다.

불란치는 불이 났던 고개라는 뜻이다. 지금은 버리미기재에 913번 포장도로를 넘겨주고 옛길이 되었다.

지나온 갓바위재 ~ 고모치 ~ 밀재 ~ 불란치재는 모두 경북 문경과 충북 괴산을 이어주는 백두대간 옛길이다.

오전 11시 35분.

곰넘이봉이다.

"와아아! 멋있다."

대야산과 촛대봉으로 이어지는 지나온 길이 낙타 등 같다. 이 낙타 등을 중심으로 경북 문경과 충북 괴산이 나눠진다.

"내가 저 길을 어떻게 지나 왔을까? 아빠, 대야산 구간은 유격훈련장이다."

"야, 너 담도 크고 밧줄도 잘 타니까 공수부대 가도 되겠다."

"그럴까? 삼랑진 사는 준호형도 공수부대 갔는데."

대야산을 배경으로 찰칵!

다시 버리미기재로 출발이다.

찻소리가 들리고 도로가 보인다. 아들이 앞장서서 뛰어간다.

"와아아! 살았다. 이제 집에 가야지."

낮 12시 30분.

낙엽송 지대를 지나자 버리미기재다.

버리미기재는 '벌의 목'이라는 뜻이며, 불란치재와 함께 문경 가은 벌바위와 충북 괴산 관평리를 이어주는 지방도가 지나고 있다.

버섯 따러온 40대 부부가 다가온다.

"아저씨, 대간 타세요?"

"네."

"여기 시원한 맥주 한 잔 하세요."

목울대가 꿀떡꿀떡,

"캬아~. 꿀맛이네."

"한 잔 더 드시지요? 저는 대간 타면서 겨울에 대야산을 넘었는데 손이 얼고 줄이 미끄러워서 엄청 고생했어요. 아들과 함께 다니는 게 부럽네요. 끝까지 완주하세요……."

그날 귀가 길에 졸음이 폭포처럼 쏟아졌다.

졸다가 여주 IC 부근에서 앞차를 박았다. 프라이드 베타 뒤꽁무니를 스쳤다. 40만 원을 주고 현장에서 합의했다.

"아빠, 맥주 한 잔 값이 40만 원이네."

- 산행기간 : 2006. 11. 25. 08:10 ~ 16:15
- 산행거리 : 약 15km
- 산행시간 : 8시간

"스님, 성불하십시오!"

스님들이 비닐천막을 치고 지킨 듯한 흔적이 곳곳에 남아있다.
임제선사는 "부처를 만나면 부처를 죽이고, 조사(祖師)를 만나면 조사를 죽이라"고 했다.
부처에 대한 집착에서 벗어나야 해탈의 경지에 이른다는 말이다

자비로운 사람은 적이 없습니다.

남에게 지기를 위해서는 먼저 자비로운 마음을 가지고 있어야 합니다.

자비로운 마음만 있다면 남이 나에게 잘못해도 얼마든지 질 수 있습니다.

꼭 이겨야만 이기는 게 아닙니다.

세상은 꼭 이겨야만 행복한 줄 알지만, 남을 누르고 남보다 앞장서야 행복한 줄 알지만 꼭 그렇지만은 않습니다.

지는 이에게도 이기는 이에게 이김의 기쁨과 안식을 주는 행복이 있을 수 있습니다.

내가 짐으로써 상대방으로 하여금 좌절의 눈물을 흘리지 않도록 했다는 위로를 얻을 수 있습니다.

누구나 다 이기기만 원한다면, 누구나 다 앞장서기만을 원한다면 아무도 앞장설 수 있는 사람이 될 수가 없습니다.

비록 나를 이기기 위해 다른 사람이 나를 해친다 할지라도 나를 앞장서기 위해 다른 사람이 나를 무시한다 할지라도 지거나 뒤처진 자에게도 나름대로의 기쁨은 있습니다.

부처님은 나를 해친 자를 가장 높이 받들라고 했습니다.

아마 그래서 성철스님이 "천하에 가장 용맹스러운 사람은 질 줄 아는 사람이다. 무슨 일에든지 남에게 지고 밟히고 하는 사람보다 더 높은 사람은 없다"고 말씀하셨는지 모릅니다.

(정호승 산문집 《내 인생에 힘이 되어준 한마디》 중에서)

"지수야, 일어나라."

아들은 조용히 일어나 십자고상 앞에 무릎을 꿇는다.

"하느님, 저희 부자가 지금 대간 산행에 나섭니다. 산행 마칠 때까지 늘 함께해 주세요. 아멘."

'야자'와 과외에 지친 아들에게 '놀토'는 최고의 날이다.

그러나 대간 타는 날은 고행과 극기의 날이다.

얻는 것은 도전과 성취의 기록이요, 잃는 것은 늦잠과 인터넷 게임의 포기다.

늦가을 새벽 4시 반.

집을 나서니 코끝이 싸하다.

어둠을 뚫고 고속도로를 달려 연풍 IC에 도착하니 아침 7시다.

은티마을에서는 오리와 염소가 한식구다.

택시를 부르니 10분 만에 달려온다.

택시기사는 버리미기재까지 가는 동안 자기자랑이 대단하다. 특히 5년 전 수원 사는 대간꾼을 태워준 적이 있는데 그가 인터넷에 자기 이름을 올려서 하루아침에 유명인사가 되었다고 으쓱해 한다.

아침 8시.

택시기사의 배웅을 받으며 산길로 들어선다.

앙상한 나뭇가지 사이로 바람소리가 요란하다.

쉬이익~ 쉬이익~ 쉬이익~ 쏴아아~~~~.

인적이 없으니 산은 더욱 적막하다.

"아빠, 바람소리 들으니 지난겨울 황악산 바람 생각난다. 그때 칼바람 소리 정말 대단했어."

"모자 안 가지고 갔다가 머리가죽이 벗겨지는 줄 알았다."

아침 햇살에 산이 반짝인다.

산은 큰 거울이다.

맨살을 드러낸 산 빛에 눈이 부시다.

멀리 속리산에서 대야산으로 이어지는 산봉우리가 낙타 등이다.

아침햇살을 받은 마을 굴뚝 위로 하얀 연기가 올라온다.

산과 도로 그리고 마을의 조화가 눈부시다.

낙엽 쌓인 산길이 눈길처럼 미끄럽다.

"꽈다당~."

"어이쿠!"

"아빠 엉덩이 불나네."

"입산 신고식은 이렇게 하는 거다. 너는 신고 안 했지. 좀 있다가 보자."

오전 9시 15분.

장성봉(長城峰, 915.3m)이다.

표지석보다 글씨가 더 멋지다.

맞은편은 희양산이다.

희양산은 긴 칼 짚고 서 있는 육척장수다.

"야~ 하늘 참 멋있다. 저기 구름이 몰려드는 것 좀 봐. 흰 구름은 왜 검은 구름만 따라다니지."

아비는 글씨를, 아들은 구름을 본다.

아비는 때가 묻고, 아들은 순수하다.

어른과 아이, 늙음과 젊음의 차이다.

오전 10시.

좌 시묘, 우 희양이다.

낙엽을 깔고 앉아 귤을 깠다. 귤 맛이 설탕 같다.

산에 오면 먹는 것에 민감해진다.

귤 먹은 아들이 힘차게 일어선다. 귤 한 개의 힘은 대단하다.

오전 10시 10분.

오늘 처음 사람을 만났다.

155m 가량의 작은 키에 눈매가 매섭다. 첫 인상이 무장공비다.

대간 리본이 바람에 나부낀다.

'2006년 10월 3일 ~ 10월 5일, 늘재 - 하늘재' (서울시 교육청 이승제)

추석 연휴를 대간에 바친 사람이다. 서울 가면 이 양반 만나서 술 한 잔하고 싶다.

대간꾼들 직업은 다양하다. 사장, 소설가, 교도관, 변호사, 의사, 교사, 신부, 연예인 등등.

주로 사(士)자 붙은 사람들이 많다고 한다.

대한민국 남자들은 술 마시면 군대얘기를 많이 하는데 그보다 더 재미난 게 백두대간 이야기다.

산꾼들의 수다는 순수하다.

오전 10시 45분.
아내가 보온병에 담아준 꿀물을 꺼냈다. 사과와 꿀물의 기막힌 궁합이다.
악휘봉 삼거리를 향해 씽씽 달려간다.
아들의 겁나는 속보다.

오전 11시 15분.
산죽 밭이다.
푸른 잎을 보니 마음도 푸르다.

오전 11시 50분.
악휘봉(845m) 삼거리다.
여기서부터 대간 길은 오른쪽으로 90도 꺾어진다.
왼쪽으로 가면 악휘봉이다.
 '대간 길은 오른쪽입니다. 직진하면 험한 암릉길 지나 은티마을로 떨어집
니다.'
 노랑바탕에 검정글씨의 안내 표지판이 걸려있다.
 목원대 국어교육과 표언복 교수의 작품이다.
 표언복은 백두대간 브랜드다. 대간 타는 사람치고 표언복 모르면 간첩이다.

낮 12시 20분.
은티재로 내려가는 철계단이다.

　철계단 옆 공터는 사방이 확 트인 최고의 전망대다. 산 밑 은티마을과 고속 도로가 한눈에 들어온다.
　가을 하늘은 청명하고 산 능선은 깨끗하다. 참으로 멋진 풍광이다.
　아들의 머리 위로 낙엽이 떨어진다.
　"지수야, 밥 먹고 가자."
　전망 좋은 명당자리에서 라면을 끓였다.
　라면 끓는 냄새에 군침이 돈다.
　라면 국물에 밥 말아먹는 순간은 행복하다.
　샤또 딸보(Chateau Talbot)와 상어지느러미를 즐겨먹는다는 어느 정치인 이 생각난다.

　오후 1시 반.
　은티재다.
　대간 길, 봉암사 길, 은티마을 가는 길이 여기서 갈린다.
　대간 길과 봉암사 가는 길이 목책으로 막혀있다.
　목책을 보자 "이 뭐꼬!"라고 소리치고 싶다.

　불교에서 깨달음에 이르기 위해 선을 참구하는데 의제로 하는 것을 화두라고 하고, 화두에

는 천칠백 가지가 있습니다.

그중 父母未生前 本來面目 是甚麼라는 것이 있습니다. 이 뜻은 '부모에게 태어나기 전에 나의 참모습은 무엇인가'라는 의제를 의심하기 위하여 "이 뭐고!" 하며 골똘히 참구하면 본래면목, 즉 참 나를 깨달아 생사를 해탈하게 됩니다.

(전남 장성 백양사에서)

희양산 봉암사는 조계종 스님들의 특별 도량이다.
이곳은 사월 초파일 하루만 개방된다.
은티재를 중심으로 성과 속이 갈린다. 성은 정신의 세계요, 속은 물질의 세계다.
그러나 성과 속은 동전의 양면이다.

재에서 봉 오름 길은 힘들다.
예수님의 길이요, 부처님의 길이다.
이럴 때 우리는 약속이나 한 듯이 입을 다문다.
말하는 것조차 힘들기 때문이다.

오후 1시 45분.
주치봉(683m)이다.
봉암사 가는 길에 녹슨 표지판이 서 있다.

길이 아니면 가지를 말라. 이곳은 모든 인연 끊고 생사의 굴레를 뛰어넘어 깨달음을 얻고자 밤낮을 잊은 채 수도 정진하는 스님들의 공부터입니다.
등산객께서는 양지하시고 출입을 삼가주십시오.

(봉암사 대중)

"와! 멋있다, 아빠."
"야! 너도 머리 깎고 스님 될래?"
"아니, 나는 성당 다니는데."
"그러면 신부님 될래?"

"아니······."
아들이 눈을 동그랗게 뜨고 대든다.

곧이어 안동 권 씨와 부인 경주 손 씨 합장묘다.
'1903년 4월 23일 졸(卒)'
"내 생일도 4월 23일인데 어떻게 똑같네."
"그러면 할아버지께 큰절 한 번 올려라."

오후 3시.
구왕봉(九王峰, 898m)이다.
표지석은 없고 문경시 의회 백두대간 문경구간
답사단에서 붙여놓은 표지기가 바람에 펄럭인다.

봉암사 창건 설화에 의하면 신라 헌강왕 5년(879년) 때 지
증대사가 심충(沈忠)이라는 사람의 권유로 봉암사 자리를
정하고 그 자리에 있던 큰 못을 메울 때 용이 살고 있어서 그
용을 구룡봉으로 쫓아버렸다는 이야기가 전해져 오고 있다.

구왕봉 정면으로 희양산과 봉암사가 한눈에 들
어온다.
희양산은 머리에 하얀 사리(舍利)가 박혀있는
탈속의 산이다.
봉암사는 세속과 떨어져 있기를 원하는 절이다.

"이곳은 스님의 거처가 되지 않으면 도적의 소굴이 될 것이다."   (지증대사)
"갑옷을 입은 무사가 말을 타고 나오는 형상이다."   (최치원)

봉암사를 둘러싸고 있는 산들이 날개를 치며 솟아있다.
희양산 북쪽은 충북 괴산 연풍이요, 남쪽은 경북 문경 가은이다. 문경 가
은은 견훤의 출생지다.

오후 3시 반.

바람이 매우 차다.

산에서는 날이 빨리 저문다. 하산을 서둘러야 한다.

급경사 내리막길을 밧줄과 나무뿌리를 잡고 조심조심 내려오니 지름티
재다.

희양산과 봉암사 가는 길이 목책으로 막혀있다.

스님들이 비닐천막을 치고 지킨 듯한 흔적이 곳곳에 남아있다.

임제선사는 "부처를 만나면 부처를 죽이고, 조사(祖師)를 만나면 조사를
죽이라"고 했다.

부처에 대한 집착에서 벗어나야 해탈의 경지에 이른다는 말이다

"스님! 성불하십시오."

희양산 가는 길을 눈앞에 두고 오늘은 은티마을로 하산이다.

대간 길 초입새까지 여러 채의 펜션이 들어서 있다.

펜션은 은티마을과 동떨어져 있는 섬이다.

오후 4시 15분.

은티마을 주막집이다.

주막집 꼬마가 연탄집게를 들고 밖으로 나온다.

"꼬마야, 우리 사진 한 장 찍어줄래?"

"네에에, 아저씨."

싹싹한 꼬맹이다.

동네 입구에 은티마을 유래비가 서 있다.

조선 초기 연풍현 당시 현내면 연지동에 속해 있었으며, 1812년 작성된 동절 목에는 인지동
의인촌리(義仁村里)로 기록되어 있다. 1910년 경술국치 후 왜인들이 의인(義仁)은 한국의 민
족정신이 함유되어 있다 하여 은티(銀峙)로 개칭하였다.

풍수지리설에 의하면 은티는 여궁(女宮)혈에 자리하고 있어, 동구에 남근(男根)을 상징하

는 물체를 세워야 마을이 번창하고 주민들이 아들을 많이 낳을 수 있다고 하여, 동구 송림
(松林) 안에 남근석(男根石)을 세워놓고 매년 음력 정월 초이튿날을 정제일로 마을의 평안과
동민가족 모두의 화평을 기원하는 소지를 올리고, 제가 끝나면 한자리에 모여 음복하고 제물
을 나눠먹는 동 고사를 지내고 있다.

(1996년 6월 20일, 은티마을 동민 일동)

　오후 5시 30분.
　충주휴게소다.
　충주휴게소는 우리의 단골식당이다. 순두부찌개백반이 꿀맛이다.
　아들이 식당 밥통에서 밥 한 그릇을 퍼온다.
　"야, 밥값 더 안 줘도 되냐?"
　"아니, 공짜야."
　"너, 어떻게 알았냐?"
　"아니, 딱 보면 알지."
　"야, 너 산만 다니는 줄 알았더니 눈치도 엄청 늘었다."
　"아빠가 절간에 가서도 눈치만 빠르면 고기를 얻어먹는다고 그랬잖아."
　밥을 먹고 나니 졸음이 몰려온다.
　졸음운전은 위험하다.
　문막휴게소다. 단잠에 빠져든다.
　어떤 선배는 단잠을 '나폴레옹 잠'이라고 했다. 단잠은 짧고 나폴레옹은
길다.

　산행 뒤 목욕은 필수다.
　아들과 함께 뜨거운 물속에 온몸을 담궜다. 팽팽한 끈이 툭 끊어지듯, 긴

장이 확 풀린다.

아들의 등을 밀었다.

"야, 너 때 엄청 나온다. 때 무게가 한 1kg은 되겠다."

"아빠 몸에서는 나무 냄새가 난다."

"네 코는 개 코냐?"

"하하하하!"

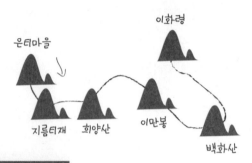

이화령

은티마을

지름티재 희양산 이만봉 백화산

- 산행기간 : 2007. 2. 4. 08:00 ~ 20:00
- 산행거리 : 20Km
- 산행시간 : 12시간

立春大吉

명리학(命理學)에서는 날씨가 풀리기 시작하는 입춘을 새해의 기점으로 보고
그 사람이 태어난 날이 입춘 전이면 전년 띠로, 입춘 후면 신년 띠로 간주했다.
그러니 명리학으로 치자면 이번 산행은 새해 첫 산행인 셈이다.
입춘날 눈 쌓인 희양산, 공포의 직벽바위를 넘어야 한다는 생각에 아내가 차려준 새벽밥이 모래알 같다.

조선의 사형수들은 입춘을 학수고대했다.

태종실록 13년(1413) 11월조의 금형(禁刑)하는 날 법에 따르면 입춘에서 춘분(春分)까지 사
형을 정지했다.

춘분부터 추분(秋分)까지는 만물이 생장하는 때라서 사형집행을 금했으므로 입춘까지만
살아남으면, 가을까지 목숨을 부지할 수 있었다.

그 사이에 대사령(大赦令)이라도 내리면 석방되거나 감형될 수도 있었다.

입춘날 대궐에서는 홍문관 지제교(知製教)가 지은 오언절구 중에 수작(秀作)을 선택해 연
잎과 연꽃무늬가 있는 종이에 써서 궁문(宮門)에 붙였는데, 이를 춘첩자(春帖子)라고 했다.

대궐의 춘첩자를 본떠서 민가에서는 대문에 붙이는 글을 춘축(春祝) 또는 입춘문(立春門)

이라고 했다.

민간의 입춘문은 입춘대길(立春大吉), 국태민안(國泰民安), 안과태평(安過太平) 같은 구절이 대부분이었다.

이날 사대부가에서 비단으로 작은 기를 만들어 집안사람들의 머리에 달거나 꽃나무 가지 아래에 거는 것을 춘번(春幡)이라고 했다.

열양세시기(列陽歲時記)는 입춘날 농가에서 보리를 캐어 그해 농사의 풍흉을 점쳤다고 전한다. 뿌리가 세 가닥 이상이면 풍년이고, 한 가닥이면 흉년이 든다고 여겼다.

(2007년 2월 3일자, 〈조선일보〉, '이덕일 舍廊'(사랑) 중에서)

오늘은 입춘(立春)이다.

명리학(命理學)에서는 날씨가 풀리기 시작하는 입춘을 새해의 기점으로 보고 그 사람이 태어난 날이 입춘 전이면 전년 띠로, 입춘 후면 신년 띠로 간주했다. 그러니 명리학으로 치자면 이번 산행은 새해 첫 산행인 셈이다.

입춘날 눈 쌓인 희양산, 공포의 직벽바위를 넘어야 한다는 생각에 아내가 차려준 새벽밥이 모래알 같다.

"아! 나 벌써부터 눈치 깠어. 야! 참 미치겠네. 나 안 간다니까."

"야! 시끄럽게 하지 말고 빨리 갔다 와, 남자새끼가 뭐 그래."

누나의 한마디에 꼬랑지를 팍 내리는 아들이다. 누나는 아들의 약점을 알고 있고, 때로는 용돈도 주는 눈치다. 약점과 용돈의 힘은 강하다.

보온병에 오미자 꿀물을 담아 건네주는 아내의 손길이 따스하다.

아침 8시.

은티마을 주차장이다.

흰 오리와 검은 염소가 한집에 살고 있다.

"아빠, 염소 다리가 하나 없어."

"그래도 둘이서 사이좋게 지내잖아."

흰둥이와 검둥이, 오리와 염소의 아름다운 동거다.

휴게소 상점 문을 열고 15살 정도 되는 아이 한 명이 어깨를 움츠리고 슬리퍼를 끌면서 천천히 다가온다.

"아씨, 주차료 2천원인데요."

은티마을 주막집을 지나면서부터 아들의 투정이 시작된다.

"위험한데 왜 해필 오늘 간다고 난리야. 손가락 아프고 콧물이 나오잖아."

새로 산 모자와 입마개를 얼굴에 씌워주자,

"아휴! 안경위에 김이 서려서 못쓰겠어."

아들놈 투정에 속이 끓고 열이 나기 시작한다.

'그래도 참자, 참아야 한다. 오늘은 희양산 직벽바위를 넘어야 하는데 괜히 열 받으면 사고 난다.'

아들놈이 툴툴대거나 말거나 나는 말없이 앞장서 걸어간다.

아침 9시.

눈길이 미끄럽다.

아이젠을 하고 가파른 고개를 헉헉대며 올라서니 허걱! 아니 여기는 지난번에 지나온 구왕봉이 아닌가?

"야! 다시 은티마을로 내려가자."

백두대간에는 지름길이 없다. 지름길은 인간의 마음속에만 있다.

좀 늦더라도 바른 길을 찾아 가는 것이 최고다.

"아! 내 오늘 이럴 줄 알았어."

"너 이 새끼, 오늘 혼 좀 나봐라."

나는 눈 쌓인 길을 뛰어서 내려간다.

아무리 뛰어도 잃어버린 시간은 찾을 수가 없다. 삶은 순간의 연속이다.

잠시 후 아들은 보이지 않고 핸드폰 문자 메시지가 뜬다.

'아! 여기 길이 두 개라구.'

"야! 오른쪽으로 내려와."

오전 10시 10분.

눈길 사이로 지름티재가 나타난다.

산은 바람 한 점 없이 적막하다.

흰 눈에 반사된 햇빛이 눈부시다.

나무지팡이를 짚고 입이 한 발이나 튀어나온 채로 툴툴대며 뒤따라온 아들이 널따란 돌 위에 털썩 주저앉는다.

"아! 나 이제 더 이상 못가겠어. 아빠, 내려갔다가 다음에 오면 안 돼?"

"야 인마! 너 그따위 정신 가지고 백두대간 못해! 백두대간이고 뭐고 다 걷어치우고 당장 내려 가! 너 혼자 왔던 길로 내려가서 버스타고 집에 가! 나는 혼자 갔다 올테니까!"

나는 분을 못 참고 씩씩대며 혼자서 쌩하니 올라갔다.

아빠와 아들의 차이는 정신과 스타일의 차이다.

비딱 정신과 껄렁한 스타일은 사춘기의 브랜드다.

오전 10시 반.

희양산 직벽을 눈앞에 두고 아들이 혹시나 뒤따라오나 하고 기다려 보지만 아무런 기척이 없다.

그래서 다시 아들한테 전화를 했다.

"야 인마, 뭐하고 있어! 빨리 올라와!"

"아빠가 아까 내려가라고 그랬잖아."

"까불지 말고 빨리 올라와!"

이럴 땐 산보다 자식이 더 힘들다.

그동안 아들은 엄마한테 전화를 해서 아빠가 자기를 놔두고 가버렸다고 어떻게 해야 하냐고 계속 징징거렸다.

아내가 말했다.

"야! 니가 알아서 해야지 나보고 어떻게 하라고. 집에 오려면 오고, 따라갈려면 가고 너 마음대로 해!"

여자는 약하지만 엄마는 강하다.

오전 10시 40분.

공포의 희양산(曦陽山, 998m) 직벽이다.

거의 90도에 가까운 깎아지른 절벽이다. 간담이 서늘하다.

밧줄을 잡은 손이 파르르 떨린다. 삶과 죽음이 손 안에 달려있다.

"야! 미끄럽다. 정신 똑바로 차려. 밑은 보지 말고 위만 보고 올라와. 아무

리 힘들어도 밧줄 놓으면 안 돼."

"알았어! 걱정 마."

순간 바위틈을 딛는 아들의 발이 미끈한다.

흐으읍! 숨이 멎으면서 머릿속이 하얘진다.

"야이 새끼야! 발을 어디다 딛는 거야. 밧줄 꼭 잡고, 발에다 힘을 꽉 줘! 그래그래, 한 발, 한 발, 천천히, 천천히…… 오케이 됐어. 아! 그래, 그렇지. 성공이야."

입에서 단내가 난다.

팔도 후들후들, 다리도 후들후들.

희양산을 넘지 않으면 백두대간은 무효다.

조용헌은 2006년 11월 16일자 〈조선일보〉 '조용헌 살롱'에서 등산의 쾌감을 마운틴 오르가슴(Mountain Orgasm)이라고 했다.

그는 바위 속에 함유되어 있는 광물질에서 지기(地氣)가 나오고, 이 기운이 인체의 핏속에 있는 철분을 타고 들어와 뇌세포를 활성화시키고, 몸을 건강하게 만든다고 했다. 그리고 일주일에 한 번 정도 바위를 주식(週食)할 수 있는 인생은 상팔자(上八子)라고까지 했다.

남녀 성관계가 아닌 암벽등반에서 오르가슴을 느낄 수 있다니?

조용헌한테는 산이 밥이고 애인이다.

또한 30년 동안 전국 바위산의 암벽을 모조리 타보고, 한국 암벽의 모암(母巖)이라고 할 수 있는 도봉산 인수봉만 해도 3천 번 이상 올라간 암벽 고수 김용기(55세) 선생은 《한국 암장순례》라는 책 2권에서 "돈이 생기는 일도 아닌데 왜 절벽에 올라갔는가?"라는 질문에, "50억 빚이 있는 사람이라도 밧줄을 감고 천 길 낭떠러지에 대롱대롱 매달려 있으면 그 근심을 잊어버린다. 섹스도, 골프도, 술을 먹어도, 어떤 도박을 해도 근심을 잊어버릴 수 없지만 암벽을 타면 잊어버릴 수 있다. 바위에 매달려 있을 때면 부귀와 빈천의 차별이 없다"라고 했다.

아는 후배 중에도 암벽고수(巖壁高手) 임형택이 있다.
산이든, 바위든, 무엇이든지 이렇게 빠지고 미쳐야 고수가 된다.

오전 11시 20분.
희양산 정상이다.
남이 보거나 말거나 아들을 껴안았다.
"야! 김지수, 멋지게 해냈다. 그래, 잘했어."
파란 하늘에 전투기 3대가 하얀 줄을 그으며 날아간다.
눈 위에 쏟아지는 봄볕이 눈부시다.
"아빠, 우리 귤 먹자."
귤은 간식이자 진통제다.

오전 11시 30분.
희양산성이다.
눈이 무릎까지 푹푹 빠진다.
스패츠를 꺼내 아들 다리에 끼워줬다.
'으으, 속 터져. 너는 자식이 아니라 임금이다.'
이제는 본전 생각이 나서 그만두지도 못하겠고……

희양산성은 경북 문경시 가은읍 원북리에 있는 희양산의 북쪽인 충북 괴산군 연풍면 주진리와의 경계를 이루는 백두대간 고개(850.5m) 일대와 그 동남쪽 아래 산사면에 축조된 석축 산성이다.
성벽 전체의 길이는 288m이며, 높이는 1~2m이다.
능선의 성벽은 치밀하며, 성벽이 없는 곳은 암벽으로 되어 있어 접근이 매우 어렵다.
산성의 방어 방향이 주로 북쪽을 향하고 있는 것으로 보아 신라에서 축성한 것으로 보이며, 농성(籠城)하였을 때는 모든 방위의 방어가 가능하다.
'여지도서'에는 "가은현 북쪽에 옛 성이 있으니 삼면이 모두 성벽이다. 후삼국 말기에 희양고성에서 신라 경순왕이 견훤과 교전하였다는 전설이 있다"라고 기록되어 있다.
(문경새재박물관 간, 《길 위의 역사 고개의 문화》 중에서)

눈길 따라 산짐승 발자국이 나 있다.
산길은 사람 길이자 짐승 길이다.
본디 길에는 주인이 없다. 낮에는 사람이, 밤에는 산짐승이 주인이다.

낮 12시 20분.
허기가 진다.
눈 위에 주저 앉아 라면을 끓였다.
라면 끓는 냄새에 소주 한잔 생각이 간절하다.
라면 국물에 밥 말아서 김치 한 저름 척 올려서 먹는 맛!

오후 1시 30분.
시루봉 삼거리다.
눈 속에 산죽이 더욱 푸르다.
아들이 눈을 집어먹으며 좋아라 한다.
눈은 무릎까지 빠지지만 앞서간 발자국을 따라가니 힘들지 않다.

달팽이도 힘을 아끼기 위해서 남이 낸 길을 따라간다.
달팽이는 점액을 뿜으며 이동하는데, 남이 낸 길을 따라갈 때는 새 길을 갈 때보다 점액분비
량은 30%, 에너지는 35분의 1밖에 들지 않는다고 한다.

(2007년 3월 2일자, 〈중앙일보〉, '달팽이의 지혜' 중에서)

사람이나 달팽이나 똑같다.
원래 길 만드는 놈이 힘들지 따라가는 놈은 괜찮다.

오후 2시 30분.
이만봉(989m)이다.
희양산 정상이 거울처럼 번쩍인다. 미끄럼틀 같은 희양산이다.
문경산악회 사람들이 앉아 있다.
"와아! 대단합니다."
"아들이 정말 착하네요."
"우리집 아 새끼는 우예 생겼는지 아예 꼴을 못봐요."
경상도 말은 투박하다. 투박함 속에 깊은 정(情)이 담겨있다.

곰틀봉 가는 길에 양지바르고 뽀송뽀송한 곳이 나타난다. 햇볕에 온몸을 맡기고 땅바닥에 그대로 드러눕는다. 눈을 감자 노곤한 몸이 물먹은 솜처럼 땅속으로 빨려든다. 풀냄새, 흙냄새가 실핏줄을 타고 몸 세포 곳곳으로 스며든다.

"사람아, 너희는 흙이니 흙으로 돌아갈 것을 생각하라."

"한적한 오후다. 불타는 오후다. 더 잃을 것 없는 오후다. 나는 나무속에서 자본다."
(2007년 2월 2일, 61세를 일기로 생을 마감하여 강화도 정족사 기슭 소나무 아래 묻힌(樹木葬) 시인 오규원이 동료시인 이안의 손바닥에 손톱으로 쓴 마지막 시)

오후 3시.
곰틀봉이다.
곰 가족의 환영이 나타난다.
아빠 곰, 엄마 곰, 아기 곰이다.
곰은 가고 이름만 남아있다.
눈 녹은 땅이 질척질척하다.

오후 3시 20분.
사다리재다.
원래는 미전치(薇田峙)로 부르던 고개다.

사다리재는 어원이 불분명한 이름이다.
문경시 가은읍 원북리 한밤미마을과, 괴산군 연풍면 분지마을을 오가던 고사리 밭등이 옮은 이름이다.
분점골 사람들이 고사리가 많은 곳이라 하여 부르던 이름으로 '고비 미'(薇)자를 써서 미전치라고 하였다.

(문경시 의회, '백두대간 탐사팀' 표지판 중에서)

오후 3시 40분.
목이 마르다.
눈을 뭉쳐먹는다. 눈이 달고 시원하다.

신발이 축축하고 무겁다.
눈 쌓인 고갯길엔 나무지팡이가 제격이다.
아들은 지치는지 말이 없다.
 '아들아, 산에서 침묵을 배워라.'
말없이 걸으니 마음이 편안하다.

오후 4시 20분.
평전치(平田峙)다.

평전치는 문경시 마성면 산내리와 괴산군 연풍면 분지리 암말의 경계이며, 평밭등이라고 부르고 있다.
평전치 남쪽의 산내리 한실마을은 마원리, 증평리 여우목마을, 연풍지역 등과 더불어 천주교 성지로서 백화산 일대 대간능선을 넘나들며 선교활동을 펼쳤던 곳으로서, 1866년 병인박해 당시 대원군의 박해를 피해 허기진 몸을 숨겼던 첩첩산중 천혜의 은신처이기도 했다.

(문경시 의회, '백두대간 탐사팀' 표지판 중에서)

산은 바람 한 점 없이 고요하다.
"아빠, 걸음 되게 빠르다."
아들은 내 걸음이 빠르다고 한다.
백화산 오르막 눈길이 끝없이 이어진다.
백두대간은 자신과의 싸움이다. 쉬자는 육신과 걷자는 마음과의 싸움이다.

오후 5시.
해가 서서히 기울기 시작한다.
"아빠, 다리에 쥐가 났어."
아들이 길바닥에 꽈당 미끄러진다.
"야! 괜찮냐? 약 발라줄까?"
"아! 괜찮아. 좀 있으면 낫겠지 뭐."
"너 오늘 꼬장 부리다가 혼나는 거다."

오후 5시 15분.
오늘의 최고봉 백화산(1,063.5m)이다.

백화산은 문경시 문경읍 마원리와, 마성면 산내리, 괴산군 연풍면 분지리의 경계다.
이화령에서 잠시 숨을 죽인 백두대간이 속리산을 향해 치닫기 전에 솟구친 산이다.
백두대간은 문경 쪽으로 한참 치고 들어갔다가 빠지는 말굽새 모양을 하고 있는데
백화산은 그 정점에 위치해 있어, 흔히들 봉황이 나는 형국에 비유하고 한다.

(문경시 의회, '백두대간 탐사팀' 표지판 중에서)

기온이 뚝 떨어진다.
맥주에 소주를 탄 폭탄주 한잔이 먹고 싶다.
그래도 최고봉이니 사진을 찍고 급히 하산이다.

오후 5시 45분.
석양이 멋지다.

맞은편 조령산 전경이 한눈에 들어온다. 석양과 조령산은 한 폭의 멋진 그
림이다.
산에서 보는 붉은 노을은 가히 환상이다.
"아! 은근히 힘들다. 별로 힘든 산이 아닌데."

오후 6시.
마침내 해가 서산으로 넘어간다.
해가 넘어가면 금방 어두워진다.
머리에 랜턴을 쓰고 사과를 쪼갰다. 사과는 식수대용이자 에너지원이다.
눈 녹은 길이 질척거린다. 발밑에서 봄이 느껴진다.

오후 6시 30분.
황학산(910m)이다.
월악산 노을이 불타는 듯 벌겋다.
문경시내 불빛이 화려하게 반짝인다.
이화령을 지나는 차량 불빛이 따뜻하다.

산행 11시간째다.
아! 집이 그리워진다.
따뜻한 목욕물에 몸을 푹 담그고 시원한 맥주 한잔을 먹는 모습을 상상
하자 걸음이 빨라진다.

저녁 7시 10분.

별잔치가 벌어진다.

아들은 별자리를 살폈다.

"아빠, 저기가 카시오페이아자리야."

"마음이 가난한 사람은 행복하다. 하늘나라가 그들의 것이다."

별 찾는 마음은 예수님 마음이요, 부처님 마음이다.

산 공기가 차고 달다. 몸에 착착 감긴다. 피부가 촉촉해지고 머리가 맑아진다.

또 사과를 먹는다. 마지막 사과다.

"산에서 먹는 사과와 집에서 먹는 사과 맛이 다르다."

저녁 7시 20분.

눈길을 돌고 돌아 드디어 이화령이다.

'영남의 관문 이화령, 여기는 문경시입니다.'

표지석 앞에서 아들을 힘차게 껴안았다.

"김지수, 오늘 수고했다."

"아빠, 오늘 속상하게 해서 미안해."

"그래, 괜찮다."

15코스 이화령 ~ 조령산 ~ 문경3관문 ~ 하늘재

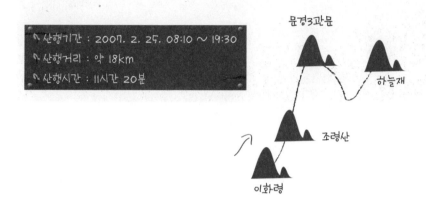

- 산행기간 : 2007. 2. 25. 08:10 ~ 19:30
- 산행거리 : 약 18km
- 산행시간 : 11시간 20분

문경3관문

하늘재

조령산

이화령

타임머신을 타고 하늘재로

이화령과 문경새재 하늘재는 일제와 조선, 삼국시대를 대표하는 백두대간 고갯길이다. 이번 산행은 역사기행이다. 아들과 나는 타임머신을 타고 일제, 조선, 고려를 거쳐 신라 이달라 이사금(왕) 3년(156년)으로 거슬러 올라가는 셈이다.

옛날은 그저 옛날인 것인가?
오늘은 그저 오늘인 것인가?
훗날은 그저 훗날인 것인가?
사람의 삶은 이런 것, 사람의 지금 여기 삶속에는
북쪽도 남쪽도 옛날도 훗날도 함께 들어와 외치고 울고
가슴을 치며 눈물 삼키고 고개 숙여 걷는 것을…….

(김지하 시인의 《흰 그늘의 길》 3권 중에서)

길은 삶의 흔적이요, 문화와 역사의 나이테다.

　이화령과 문경새재 하늘재는 일제와 조선, 삼국시대를 대표하는 백두대간 고갯길이다. 이번 산행은 역사기행이다. 아들과 나는 타임머신을 타고 일제, 조선, 고려를 거쳐 신라 이달라 이사금(왕) 3년(156년)으로 거슬러 올라가는 셈이다.

　이른 새벽길을 나서 벌재 ~ 여우목 ~ 동로 ~ 갈평을 지나 문경 관음리로 들어서니 빗방울이 뚝뚝 떨어진다.
　차문을 여니 으슬으슬 한기가 든다.
　몸은 천기(天氣)에 민감하다. 몸은 인공위성이요, 천문기상대다.
　하늘재에서 택시를 타고 이화령에 올라서니 비는 눈으로 바뀐다.
　"눈이 많이 오는데 개않을까예? 조령산은 엄청 미끄럽심더. 조심해야 될 낀데, 하여튼 조심해서 잘 다녀 오이소."

　이화령(梨花嶺)의 본명은 이유릿재다.
　조선시대부터 문경지방에는 새재로 갈까 이유리로 갈까 하는 노랫말이 있었다. 이유리는 길이 험하고 산짐승의 피해가 두려워 여럿이 함께 어울려 넘는 고개라는 뜻이 아닐까 추정해 본다.
　'신증동국여지승람'에는 이화현(梨花縣)으로 되어 있고, 조선시대 고지도 같은 문헌에도 모두 이화현으로 기록되다가 일제시대 때 신작로로 닦은 다음, 일본식 지명인 이화령으로 개칭되었다.

　　　　　　　　　　　(문경새재박물관 간, 《길 위의 역사 고개의 문화》, P 101-125 중에서)

　아침 8시 10분.
　이화령에 눈이 하얗다.

커다란 표지석 위에 까마귀 두 마리가 꼿꼿하게 앉아있다.

눈 내리는 허공을 바라보며 까악 까악 울어댄다. 이쯤 되면 까마귀도 사람이다.

"아빠, 왜 이런 날씨에 와가지고 그래. 어디 중간에 끊을 데 없어?"

산길 초입부터 시비다.

"길이 아니면 가지를 말고, 말이 아니면 하지를 마라."

아비의 침묵이 무엇을 말하는지 아들은 안다.

아들은 이제 50m 이상 떨어져온다.

아침 9시.

조령샘이다.

함박눈이 펑펑 쏟아진다. 10m 앞이 보이지 않을 정도다.

돌산은 금세 눈 산이 된다. 설경 삼매경에 빠져드는가 싶었는데 매서운 칼바람이 얼굴을 때린다.

오전 9시 30분.

조령산(鳥嶺山) 정상이다.

폭설로 산은 시계 제로다.

지현옥 산악인 추모비가 외롭게 서 있다.

지현옥은 1961년 충남 논산에서 태어났다.

1988년 6명의 여성 클라이머와 함께 북미 최고봉 매킨리(6,194m)에 올랐으며, 1989년 안나푸르나(8,091m), 1990년 캉첸중가(8,586m), 1993년 에베레스트, 1997년 가셔브룸 1봉(8,068m), 1998년 가셔브룸 2봉(8,035m)에 올랐고, 1999년 4월 29일 안나푸르나 등정 후 하산 도중 실종되었다.

내 누이같이 자상하고 고왔던 고인의 명복을 빈다.

1993년 4월 〈교보생명〉 사보에 고인의 매킨리봉 산행기가 실려 있다.

　60kg의 짐을 나르면서 나는 들개처럼 헐떡거렸고, 목에서는 피가 넘어왔다.

　계속되는 구토는 막창의 그 무엇인가까지도 끌어올리듯 지독하게 이어졌다.

　희박한 산소로 인한 고소증세는 두개골이 빠개지는 듯한 고통으로 이어졌다.

　그러나 가장 힘들었던 것은 "이것이 등반이란 말인가? 이것이 인간이 할 짓인가?"라는 갈등 때문에 여기서 포기하고, 그토록 우습게 여기던 편안한 일상으로 돌아가고 싶은 유혹을 견딜 수 없었던 것이다. 하지만 전투처럼 치러진 첫 원정에서 나는 내 자신에게 보란 듯이 승리했다. 정상에 올라 아래를 내려다보았지만 그것은 산 정상에 올랐다기보다는 내 자신의 가슴속에 존재하는 산에 올랐고, 하얀 산은 그 전투의 장을 마련해 주었을 뿐이다.

　"아빠, 중간에 끊으면 안 돼?"
　"너, 그래 가지고 15시간 못 간다."
　"나 지금 아무 생각 없이 가고 있어. 의욕이 없다고!"
　"……."

오전 10시.
조령산 급경사 밧줄지대다.
내린 눈이 얼어붙어 바위가 미끄럽다. 밧줄을 잡으니 줄줄 미끄러진다.
여기도 대야산, 희양산 못지않게 암릉이 많다.

오전 10시 반.
눈이 그치고 해가 나기 시작한다.
아들놈 인상도 더불어 풀린다.
　"야 인마! 인상 쓴다고 안 가냐?"
　"아! 누가 뭐라 그랬어?"
　"야! 사과 좀 꺼내봐라."
새까만 비닐봉지에 사과 4개가 들어있다.
야무지게 묶은 비닐봉지에서 아내의 손길이 느껴진다.

오전 11시.

따뜻한 봄바람에 정신이 어질어질하다.

물오른 나뭇가지에서 노란 움이 터져 나온다. 살아있는 것들은 모두 아름답다.

감상도 잠시 급경사 밧줄지대다. 흐으읍! 숨이 멎는다.

밧줄을 잡기 전 세 가지 행동수칙이 있다.

첫째, 오줌 누고, 기도하고, 숨을 고른다.

둘째, 절대로 밑을 보지 않는다.

셋째, 나무뿌리나 바위도 잡는다.

걷힌 구름 사이로 눈 쌓인 조령산이 살짝 나타났다 사라진다. 산 아래 새재 협곡과 왕건 촬영장이 모습을 드러낸다.

"지수야, 임진왜란 때 왜놈들이 저 길로 쳐들어 왔어."

"엄청 좁고 험한데 왜 저리로 왔지?"

"경상도에서 서울로 가는 지름길이니까."

"그러면 우리나라 군대는 뭐 했어?"

조령은 아들의 역사교육 현장이다.

충주에 들어선 신립은 충청도의 모든 군사들을 모았다.

그렇게 모은 군사가 8천을 넘자 신립은 조령을 방어하려고 했다.

그러나 이일의 패전 소식을 접하자 그만 낙담하여 충주로 돌아오고 말았다.

신립은 이일과 변기 등도 충주로 불러들였다.

결국 조령과 같이 험준한 요새는 버린 꼴이 되었고, 상하의 명령 또한 혼란스러워 지켜지지 못했다.

이 모습을 본 사람들은 이들이 반드시 패할 것이라 생각했다.

후에 들으니 상주에 진입한 적들은 험한 지형을 거쳐 가야 한다는 사실에 매우 불안해했다. 문경 남쪽 10리쯤 되는 곳에 고모성이라는 옛 성이 있다. 이곳은 동부와 서부의 경계가 되는 곳으로서 양쪽의 산벼랑은 매우 날카롭고 그 가운데로는 큰 냇물이 흘렀으며, 길은 그 아래로 나 있는 험준한 곳이었다.

적들은 이곳에 우리 병사들이 숨어 있을 것이라고 판단하고 척후병을 보내 몇 번이나 살펴보았다.

그러나 지키는 병사가 없음을 알게 되자 신이 나서 지나갔다고 한다.

후에 명나라 장수 이여송이 왜군을 쫓아 조령을 지나가다가 이렇게 탄식했다고 한다. "이런 천혜의 요새를 두고도 지킬 줄 몰랐으니 신총병(신립)도 참으로 부족한 사람이다.

(서해문집 간, 유성룡의 《징비록, 지옥의 전쟁 그리고 반성의 기록》 중에서)

낮 12시 10분.

757봉이다.

1시간만 가면 문경새재 3관문이다.

위험한 암릉과 밧줄지대를 통과하며 용을 쓴 탓인지 배가 고프다.

바위를 등지고 디근자 모양으로 쏙 들어간 곳에 자리를 잡고 라면을 끓이는데 30대 예쁜 아줌마 두 명이 가까이 다가온다.

"애, 너 아주 여자처럼 생겼네. 너 산에 오고 싶어 왔니?"

아들은 눈을 동그랗게 뜨고 고개를 흔들며 "아니요!" 한다.

"그래도 넌 참 좋은 아빠 만났다. 누나가 행동식으로 이것 줄까?"

엿을 건네준다.

"두 분 참 대단하네요. 행복해 보이네요."

오후 1시.
다시 출발이다.
조령산은 온통 밧줄 천국이다.
밧줄 잡은 장갑에 구멍이 났다. 아이젠을 수없이 벗었다 끼웠다를 반복한다.
조령산은 곳곳이 유격훈련장이다.
"아빠, 겨울에는 엄청 위험하겠다."
"그러면 우리 겨울에 또 한 번 올까?"
"아니 돌았어!"
구름이 벗겨지자 절경이 나타난다.

오후 2시.
하늘이 새카매진다. 금방이라도 눈이 쏟아질 것 같다.
싸락눈이 하얗게 쏟아진다.
또 다시 해가 난다.
구름 사이로 월항삼봉이 나타났다 사라진다.
배가 고프다.
이럴 때 간식은 아트라스와 물이다. 산 타는 사람들은 이것을 행동식이라
부른다.
"아빠, 행동식이 뭐야?"

"산 타다가 배고프면 먹는 음식이다."
"되게 어렵네."
"알면 쉽고 모르면 어렵다."

오후 2시 20분.
성터다.
"이 성(城)을 신라에서 쌓았을까, 고구려에서 쌓았을까?"
"신라에서."
"왜?"
"보면 몰라?"
이끼 낀 돌에서 조상들의 손길과 세월의 흔적이 느껴진다.

오후 2시 40분.
조령 3관문이다.
조령(鳥嶺)은 새도 날아서 넘기 힘든 높고 험한 고개다.
조령은 새재라고도 하며, 이화령과 하늘재의 중간에 있는 백두대간 고개다.

문경새재 물박달나무 홍두깨 방망이로 다 나간다.
홍두깨 방망이는 팔자도 좋아 큰 아기 손길에 놀아난다.
문경새재 넘어갈 제, 굽이야 굽이야 눈물이 난다.

(문경새재아리랑)

장사꾼들이 문경새재를 넘어 다닐 때 불렀던 익살스런 노래다.

"여기가 조선시대 선비들이 과거보러 가던 길이고, 왜적들이 쳐들어 온 길이다. 왜장은 가토 기요마사(加藤淸正)와 고니시 유키나가(小西行長)다."
"그러면 우리 대장은?"
"신립(申砬, 1546~1592) 장군이다. 그는 여기를 떠나서 충주 탄금대에서 싸우다가 전사했다."
"여기서 싸웠으면 어떻게 되었을까?"

마폐봉 가는 길은 바위투성이다.
엉금엉금 기어서 헉헉! 헥헥!
"야휴! 진짜 힘드네."
"신립 장군이 노했나보다."

오후 3시 20분.
마폐봉(927m)이다.
"아저씨, 물 좀 있어요?"
40대 아줌마다.
"우리는 하늘재까지 가야 하는데……."
망설이다가 피 같은 물을 한 컵 따라주었다.
"오메! 아저씨, 너무너무 고마워유. 산을 깔봤다가 오늘 엄청 고생하네."

성터로 이어지는 솔길을 지나니 북암문이다.
성터에서 만난 50대 아저씨 왈,
"옛날 사람들 성 쌓은 것 보면 조상들의 지혜가 대단해요. 저 많은 돌을 어디서 구했을까요? 그 당시 백성들 엄청 고생했을 거요."
"이제나 저제나 백성들은 봉이지요. 성 쌓고, 나라 지키고, 농사짓고, 세금 내고……."

우리는 또 얼마나 걸어가야
서로의 흰 뿌리에 닿을 수 있을까?
만나면서 흔들리고
흔들린 만큼 잎이 피는 무화과나무야!
내가 기도로써 그대 꽃피울 수 없고
그대 또한 기도로써 나를 꽃피울 수 없나니
꽃이면서 꽃이 되지 못한 죄가
아무렴 너희만의 슬픔이겠느냐?

(박라연 시인의 '무화과나무의 꽃' 중에서)

오후 4시 50분.
계속 이어지는 성터를 따라가자 동암문이다.
성벽을 쌓은 돌에 파란 이끼가 끼어있다. 비바람 맞으며 수백 년을 지나온 돌이다. 삼국시대, 고려시대, 조선시대를 거쳐 온 돌이다.
비 기운을 잔뜩 머금은 바람이 불어온다.
성터만 남고 인적은 간곳없다.

아들의 핸드폰이 울린다.
아들의 '여친'(여자친구)이다.
"지금 어디야?"
"여기 산속이야."
"힘들지 않아?"

"괜찮아. 조금만 가면 돼."

"야, 빨리 전화 끊어라. 산에서도 전화하고……. 참 좋은 세월이다."

"아빠, 배터리 다 돼서 그러는데 폰 좀 빌려줘."

"야 인마, 집에 가서 전화해."

오후 5시 15분.

부봉 삼거리를 지나자 밧줄지대와 암벽지대가 이어진다.

밤에는 위험하다. 특히 겨울밤에는 발을 헛디디면 곧바로 사고로 이어질 수 있다.

오후 5시 50분.

하늘재 삼거리다.

주흘산과 부봉, 하늘재 갈림길이다.

새재를 호위하는 주흘산은 문경고을의 진산(鎭山)이다.

주흘산은 한때는 걸어 다니는 산이었다.

태조 이성계가 한양에 도읍을 정할 때의 일이다.

도읍지는 정했는데 도읍을 지켜줄 주산(主山)이 없어 전국의 산들에게 통기하여 주산(主山)을 모집했다.

여러 산들이 앞 다투어 한양으로 모여들었으며, 뒤늦게 소식을 들은 주흘산도 열심히 한양으로 달려갔지만 이미 삼각산이 자리 잡고 있었다.

크게 낙심한 주흘산은 돌아오는 길에 지쳐서 문경에 주저앉아버렸다.

그래서 주저앉은 산이라 하여 주흘산이라는 이름이 붙여졌고 삼각산에 한이 맺혀 다른 산들과 반대로 한양을 등지고 앉아있다.

전설 속에서 주흘산은 명예를 탐하고, 실망하며, 토라지는 산이다.

또한 이리저리 뛰어다니고 주저앉고 돌아앉는 산이다.

산도 감정이 있고, 산도 걷고 앉는 것이다.

(문경새재박물관 간,《길 위의 역사 고개의 문화》, '걸어앉는 산, 주저앉는 산' P 286 중에서)

해가 떨어지자 금방 어두워진다.

머리에는 랜턴을, 발에는 아이젠을 착용한다.

가파른 얼음길을 밧줄을 잡고 조심조심 내려간다.
"아! 미끄러워. 아빠, 조심해."
"그래. 정신 똑바로 차려라. 넘어지면 큰일 난다."

오후 6시 15분.
평천재다.
배가 몹시 고프다.
사과 한 개를 반으로 쪼개 먹고 아들은 자유시간, 나는 물로 허기를 달래
는데,
"아빠, 이거 먹을래?"하면서 아들이 자유시간을 건네준다.
"응! 괜찮아. 너나 많이 먹어라."
"아빠, 미안해."
갑자기 울컥하면서 눈물이 핑 돈다.
아들의 얼굴은 이제 본색으로 돌아왔다.
산은 아들의 마음을 정화시킨다.
'산님, 고맙습니다.'

오후 6시 40분.
탄항산(월항삼봉, 856.2m)이다.
산은 이제 완전히 캄캄하다. 빛이 사라지자 두려움이 엄습한다.
빛은 문명이고, 어둠은 자연이다.

깜깜한 산속에 두 개의 불빛이 반짝인다.

"아빠, 이제 고생 끝이지? 시작할 때는 힘든데 끝날 때는 할 만해."

"앞으로 중간에 끊자는 말은 절대로 하지 마라."

"아빠랑 백두대간 왜 하는데?"

"지금 너와 내가 왜 이렇게 힘들게 걷고 있겠냐?"

오후 7시 10분.

목장 옆 철망을 지나는데,

"아빠, 무슨 인기척이 느껴져. 누가 내 뒤에 붙어 있는 것 같아."

"야, 겁먹지 마라."

순간 머리털이 곤두서면서 소름이 확 끼친다.

백두대간 하늘재를 떠도는 중음신이여!

부디 영면하소서!

가까이에서 물소리가 들려온다.

산물이 콸콸콸 쏟아진다. 산정기 가득한 눈 녹은 물이다. 물맛이 꿀처럼 달고 시원하다.

오후 7시 반.

드디어 하늘재다.

하늘재는 제천시 한수면 미륵리와 문경시 문경읍 관음리를 잇는 백두대간 고개다.

하늘재가 역사의 무대에 처음으로 등장한 것은 서기 156년이다.

삼국사기 신라본기에는 '아달라 이사금 여름 4월 계립령(鷄立嶺)에 길을 열었다'고 되어 있고, 삼국사기 열전에는 마목현(麻木峴, 고려사에는 대원령(大院嶺)), 조선시대 세종실록지리지에는 마골점(麻骨岾), 신증동국여지승람에는 '관음원은 계립령 아래에 있다'라고 기록되어 있다.

그러니 계립령은 우리나라 고갯길의 원조(元祖)인 셈이다.

지금으로부터 1850년 전에 있었던 고개다.

2천년된 고개에서 아비와 아들이 힘차게 포옹한다.
우리는 타임머신을 타고 156년 4월 계립령에 서 있다.
신라와 고구려가 다투던 고개다.
관음에서 미륵으로 넘어가는 고개다.
하늘재 밤하늘에 별이 총총하다. 별빛이 폭포처럼 쏟아진다.
별은 어떻게 빛을 내는 것일까?

별이 빛나는 것은 그 중심부에서 일어나는 핵융합 때문이다.
핵융합은 수소원자 4개가 합쳐져 헬륨 원자핵 하나로 변하는 것이다.
내부 온도가 1,000만 도에 이르는 아주 뜨거운 별의 중심부에서는 핵융합이 일어나고, 이
과정에서 빛에너지가 방출된다.
(2007년 3월 24일자, 〈중앙일보〉, '이종민 선생님의 과학칼럼' 중에서)

"야~ 별이 되게 많네. 진짜 멋있다. 나중에 좋은 사진기 사면 별을 찍어야
지. 엄마가 나 졸업하면 비싼 사진기 사준다고 그랬어."

"야, 저기 비행기 날아가는 것 보이냐?"
"응! 보여. 저기, 저거 맞지?"

16코스 하늘재 ~ 포암산 ~ 대미산 ~ 차갓재

산행기간 : 2007. 6. 5. 07:10 ~17:10
산행거리 : 약 20km
산행시간 : 10시간

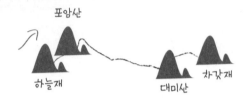

청출어람

"이제부터 네가 앞장서라."
"아니야."
"빨리……. 30분만 앞장서라. 이제 주민등록증도 나오고 백두대간도 절반이나 왔는데
아빠 뒤만 졸졸 따라다니면 안 된다. 앞장서는 것도 배워야 한다."

아름다운 산책은 우체국에 있었습니다
나에게서 그대에게로 가는 편지는
사나흘을 혼자서 걸어가곤 했지요
그건 발효의 시간이었습니다
가는 편지와 받아볼 편지는
우리들 사이에 푸른강을 흐르게 했고요
그대가 가고 난 뒤
나는 우리가 잃어버린 소중한 것 가운데 하나가
우체통이었음을 알았습니다

우체통을 굳이 빨간색으로 칠한 까닭도 그때 알았습니다.

(이문재 시인의 '푸른곰팡이' 중에서)

시작이 반이라고 우리는 얼마나 긴 발효의 시간을 지나왔던가?

얼굴에 솜털이 보송보송하던 열네 살 어린 아들의 손을 잡고 지리산 천왕봉에 올랐을 때 감격의 순간이 엊그제 같은데, 세월은 흘러 이제 아들은 열여덟 살 사춘기의 절정을 지나고 있다.

가자는 아빠와 안 간다는 아들의 팽팽한 줄다리기는 몇 번이었던가?

줄 땀을 흘리며 피로에 지쳐 쓰러진 적은 몇 번이었던가?

배고프다는 것이 무엇인지, 한 끼의 밥이 얼마나 고마운 것인지 그리고 가족이 얼마나 소중하고 따뜻한 것인지 느끼지 않았던가?

'아빠, 화내서 죄송해요. 다음 연휴에는 꼭 갈게요. 오늘 하루 푹 쉬세요.'

푸른 오월 백두대간 품속에서 함께하지 못하는 미안한 마음을 아들은 편지에 담아 보내왔다.

6월 6일 현충일 새벽 3시 반.

퓨우우우~~~. 슈수수수~~~.

압력 밥솥에 김빠지는 소리를 들으며 우리는 일어나 몸을 정갈히 하고 마치 전장을 향하는 군인처럼 십자고상 앞에 무릎을 꿇고 주모경을 바친다.

시련을 견디어 내는 사람은 행복합니다.

시련을 이겨낸 사람은 생명의 월계관을 받을 것입니다.

그 월계관은 하느님께서 당신을 사랑하는 사람들에게 주시겠다고 약속하신 것입니다.

('야고버의 편지' 1장 12절)

"자, 일어나 가자."

새벽 5시.

단양휴게소다.

맑고 상쾌한 아침 공기가 폐부 깊숙이 들어와 박힌다.

꼬치우동과 라면김밥 국물 맛에 잠자던 세포가 깨어난다.

살아있는 것들은 죽은 것을 먹고, 죽은 것은 산 것의 몸속에서 피가 되고 살이 되어 부활한다.

산 사람은 키와 머리칼이 자라고 주름이 깊어지며 하루에 천 개의 세포를 죽여 몸 밖으로 쏟아내고 쉴 새 없이 새 피를 만들어 혈관을 적신다.

어제의 나는 분명 오늘의 나와는 다른 것이다.

그런데 또 어제의 나도 오늘의 나인 것이다.

이 이상한 논리의 뫼비우스 띠가 삶일까?

(공지영의 가족소설 《즐거운 나의 집》 '1부 여름' 중에서)

새벽 6시 반.

단양 IC와 벌재를 지나 문경시 동로면 차갓재다.

동로면에 딱 한 대뿐인 개인택시 이상수 기사님의 차를 타고 하늘재에 도착하니 푸른 숲과 안개비가 우리를 반긴다.

아침 7시 10분.

우리는 백두대간 푸른 숲으로 들어선다.

"아빠, 이번에도 험해?"

"안 험해."

"그냥 쭈우욱 가면 돼? 몇 시간 걸려?"

"10시간."

산사람들의 말은 짧고 단순하다.

진실은 간단하고 확실하다. 그러나 거짓은 복잡하고 성가시며 요설적이다.　　　　(톨스토이)

아침 7시 20분.

하늘샘이다.
하늘재에 하늘샘이라.
머리가 맑아지고 마음이 편안해진다.
"지수야, 물 받아라."
"오늘 물 2병으로 10시간을 버텨야 한다."

포암산 가는 길은 십자가의 길이다.
한줄기 소나기가 쏴아아~~~. 후두둑~~. 후두둑~. 얼굴에 빗방울이 뚝
뚝 떨어진다.
숲속에 시원한 바람이 인다.
산은 금세 안개에 휩싸인다. 시계 제로다. 안개 사이로 아들의 형체가 어른
거린다.

아침 8시 10분.
백두대간 포암산(布岩山)이다. 우리말로 베바우산이다. 바위가 베처럼 빙
둘러쳐진 산이다.
사방이 안개와 구름바다다. 구름바다 속에서 아들과 나는 신선이 된다.
"아빠, 사과 먹고 싶다."
"여기 있다."
"사과를 쪼개야지."
사과 한 알 속에 끈끈한 정이 담겨있다.
훗날 아들은 대간 마루금에서 아빠와 함께 먹던 이 사과 맛을 기억할 것이다.

아침 8시 반.

해가 나기 시작하면서 바람이 잦아든다.

숲길은 바람 한 점 없다.

평탄한 길이 끝없이 이어진다.

갑자기 커다란 구멍이 나타난다.

"멧돼지가 파놓았을까?"

"아니야! 두더지 집이야."

흙집이지만 산짐승 가족의 보금자리다.

오전 9시 반.

만수봉 갈림길(880m)이다.

숲속 낙엽 위에 털썩 주저앉는다.

졸음이 마구 쏟아진다. 눈꺼풀은 천근이요, 엉덩이는 만근이다.

나는 땅콩 초콜릿을, 아들은 사과를 꺼내든다.

"아빠, 사과 좀 쪼개줘."

"네가 해봐."

"나는 못해."

"한 번 해보지도 않고 못하냐? 왼손 엄지와 오른손 엄지를 T자로 놓고 각각 반대방향으로 이렇게 힘을 주면 금방 쪼개져."

"알았냐?"

"응."

"무조건 힘만 쓴다고 되는 게 아니야."

사과 쪼개는 것도 가르쳐주는 대간 산행이다.

"이제부터 네가 앞장서라."

"아니야."

"빨리……. 30분만 앞장서라. 이제 주민등록증도 나오고 백두대간도 절반이나 왔는데 아빠 뒤만 졸졸 따라다니면 안 된다. 앞장서는 것도 배워야 한다."

주저주저하다가 앞장서는 아들이다.

그런데 엄청난 속보다.

얼마나 대견한 일인가. 아들의 역전이다.

청출어람(靑出於藍)이다.

오전 10시.
바위를 잡고 올라서는데,
"으아악! 아빠! 뱀이다."
"야! 독사다."
"독사는 아니야."
황토색 뱀이 꿈틀대며 우리를 쳐다보고 있다.
"빨리 지나가자."
"하나, 둘, 셋!"

오전 11시.
햇볕이 뜨겁다.
개미와 파리들이 극성이다.
미물도 한낮에는 활동력이 왕성하다.
건너편 주흘산이 희미하다. 한양을 등지고 돌아누운 산이다.
지나온 크고 작은 봉우리가 인생길 같다.
돌아가신 부모님이 생각난다. 뒤늦게 철이 드는가 보다.

낮 12시.

1032봉 앞 너덜지대다.
하얗고 뾰족뾰족한 바윗돌이 여기저기 널려있다.
산철쭉이 지고 있다. 화려했던 철쭉도 이렇게 지고 마는 것을!
왼쪽 무릎이 시큰거린다.
소염진통제 맨소래담 로션을 꺼내들자,
"아빠, 많이 아파?"
"아니, 조금."
"내가 발라줄까?"
"괜찮아."
볕이 훅훅 달아오른다.
땀 냄새를 맡고 파리 떼가 달라붙는다.
"아빠, 바람만 불면 그냥 확 누워버리고 싶다."

산 밑이 시끄럽다. 사람 소리다. 나물 뜯으러 온 사람들이다.
산은 음이고, 사람은 양이다. 양은 시끄럽고, 음은 조용하다.
"아씨, 나물 뜯으셨수?"
"아니요."
"그러면 어디가요?"
"산에요."
"여기가 산인데?"
"그 가방에 나물 아니유?"
나물 뜯는 사람 눈에는 나물 뜯는 사람만 보인다. 멀쩡한 사람도 나물 뜯
는 사람이요, 물 담은 배낭도 나물 배낭이다.
나뭇가지에 검은 봉지가 걸려있다. 금방 점심을 먹고 버린 쓰레기다.
빈 도시락, 젓가락, 장갑, 물병이 들어있다. 이럴 때 나는 인간이 싫다.
"오늘 착한 일 한 번 하자."
아들은 봉지를 배낭에 담는다. 착한 아들이다.

낮 12시 50분.
부리기재다.

아들에게 버너와 코펠 조작법을 훈련시키고 라면 좀 끓이라고 했더니 물만 올려놓고 '여친'과 계속 폰 메일을 주고받는다.

"야! 물 끓는다."

"걱정 마. 보고 있어."

라면 맛은 언제나 일품이다.

라면 국물에 밥 말아먹는 맛은 따봉이다.

밥 냄새를 맡고 파리 떼가 몰려든다. 밥을 한 숟갈 떠서 바닥에 뿌려주자 파리가 새카맣게 몰려든다.

먹고사는 일은 서로서로 나누는 일이다.

오후 1시 반.

대미산으로 향한다.

"아빠, 대미산 어때?"

"유해보이지만 만만치 않다."

"아빠!"

"왜?"

"사람도 그럴까?"

"짜식. 하하하하!"

애들 보는 앞에서는 찬물도 못 마신다.

대미산 오르막이다.

점심 먹은 배가 금방 폭 꺼진다.

이마에서 땀이 뚝뚝 떨어진다.

이제 볕은 벌겋게 달아오른 난로다.

오후 2시.

오늘의 최고봉 1,115m 대미산(大美山)이다.

표지석에 산 소주 브랜드 山이 새겨져 있다.

"저 돌을 누가 지고 올라왔을까?"

"문경 아저씨들 진짜 힘세다."

"경상도는 크고 세다."

대미산을 중심으로 이름난 산들이 포진해 있다. 좌 월악, 우 주흘, 남 포암, 북 황장이다.

산 밑은 천주교 성지 여우목이다.

"천주를 믿지 않는다고 한마디만 하면 살려주겠다."

"살아계신 천주님을 어떻게 계시지 않는다고 할 수 있느냐?"

시퍼런 칼 앞에 목숨을 내어놓고 신앙을 증거하던 여든 살 베로니카 할머니의 당당한 음성이 들려오는 듯하다.

한국 천주교 땀의 증거자 최양업 신부, 1866년 병인박해 때 순교한 이윤일, 서인순 서치보 부자 등 30여 명의 고결한 영혼들의 발자취가 곳곳에 남아 있다.

"자비로운 주님! 저들에게 영원한 안식을 주소서! 영원한 빛을 그들에게 비추소서."

오후 2시 반.

대미산 눈물샘이다.

"아빠, 大美山이 맞아? 黛眉山이 맞아?"

"大美山도 맞고 黛眉山도 맞다."

옛날에는 푸른 눈썹 같은 산이라고 해서 대미산이라고 불렀는데 1936년 발간된 '조선환여승람'에 의하면 퇴계 이황 선생이 대미산이라고 이름지었다고 한다.

물맛이 엄청 차고 달다.

오후 3시.

해우소로 향한다.

낙엽을 긁어내고 구멍을 깊이 판 다음 엉덩이를 까고 자리를 잡는다.

대간 바람이 쏴아아~ 불어온다.

배설의 쾌감! 배설 오르가즘이다. 뱃속이 대나무 속처럼 텅 빈 느낌이다.

법정 스님은 이 느낌을 '텅 빈 충만'이라고 했다.

오후 4시.

차갓재 가는 길이다.

끝없이 이어지는 지루하고 평탄한 길이다.

발톱이 아프고 발바닥도 화끈거린다.

"아빠, 발톱이 아파."

"너도 아프냐? 어떻게 아픈 것도 같냐? 부전자전이고 붕어빵이다."

더 이상 암말 않고 씩씩하게 앞장서는 아들이다.

　꼬맹이 지수가 이제 어른이 되어간다. 백두대간 품속에서 아들은 크고 자랐다. 산이 아들을 가르치고 키운 것이다.

　오후 4시 반.
　차갓재다.
　남한 쪽 백두대간의 중간 지점이다. 설악산 진부령과 지리산 천왕봉의 딱 중간이다.
　시작이 반인데 반을 지나 왔으니 대간은 끝났다.

　문경 산들모임에서 세운 표지석과 장승목이 서 있다.
　표지석 뒤편에 글이 새겨져 있다.

통일이여! 통일이여!
민족의 가슴을 멍들게 한 철조망이 걷히고
막혔던 혈관을 뚫고 끓는 피가 맑게 흐르는 날
대간 길 마룻금에 흩날리는
풋풋한 풀꽃 내음을 맘껏 호흡하며
물안개 피는 북녘땅 삼재령에서
다시 한 번 힘찬 발걸음을 내딛는
니 모습이 보고 싶다.

(2005년 7월 16일, 문경 산들모임)

　삼재령은 진부령과 금강산을 잇는 백두대간 고개다.
　작은 차갓재를 지나 황장산을 눈앞에 두고 하산이다.
　아들은 내리막길을 뛰어간다. 뛰어가는 모습이 노루 같다.

　오후 5시 10분.
　안생달마을이다.
　우리들의 포옹 시간이다. 포옹의 힘은 대단하다.

아들의 어깨를 껴안아 주며,
"야! 힘들었지, 정말 수고했다."
"아빠도 수고했어."
"무릎 괜찮아?"
"약간 아프지만 괜찮겠지 뭐."

1997년 미국의 어느 병원에서 실제로 일어난 일이다.

태어나자마자 각각의 인큐베이터 안에 들어가야 했던 쌍둥이 자매 가운데 동생의 상태가 급격히 나빠지자 간호사는 언니를 꺼내 동생의 인큐베이터 안에 넣어주었다.
그러자 언니는 동생을 껴안았고, 동생은 금세 정상으로 돌아왔다.
(2007년 1월 2일자, 〈한겨레 21〉, '만리재' 중에서)

마을에서 산을 보니 산은 구름위에 떠 있는 섬이다.
안생달마을 양조장이 눈에 들어온다.
노인 한 분이 곡괭이를 들고 웃으며 다가온다.
"안생달 동동주와 약주 좀 사가세요. 일본에도 수출하는 좋은 술입니다."

오후 6시.
중앙고속도로 단양휴게소다.
뚝배기 갈비탕 국물 맛이 기가 막히다.
땀을 뻘뻘 흘리며 국물에 밥을 말아 먹고 된장에 풋고추를 푹 찍어 먹는 맛!
둘이 먹다 하나 죽어도 모를 정도다.
아들은 밥 한 그릇을 더 들고 온다. 밥은 공짜다.
핸드폰이 울린다. 집사람이다.
아들을 바꿔준다.
"아들! 수고했어. 괜찮니?"
"응! 괜찮아, 엄마."

"지금 뭐해?"

"아빠랑 저녁 먹고 있어."

"뭐 먹어?"

"갈비탕."

"맛있어?"

"응. 엄청 맛있어."

"밥 많이 먹어라."

"응. 알았어, 엄마."

"조금 있다가 만나자."

엄마의 전화를 받고 아들의 얼굴이 밝아진다.

가족은 우리의 희망, 우리의 안식처다.

엄마는 가끔 미국 뉴욕에서 일어났던 9·11 테러 이야기를 했다.

그때 납치당한 비행기 안에서 죽음을 코앞에 두고 사람들이 전화를 걸었다는 말이다. 그들은 모두 가족에게 전화를 걸었고, 사랑한다고 말했고, 그리고 죽었다.

(공지영, 《즐거운 나의 집》 '3부' 중에서)

* 산행기간 : 2007. 7. 7. 08:30 ~ 17:30
* 산행거리 : 15km
* 산행시간 : 9시간

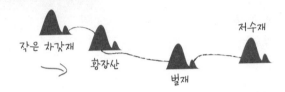

임금의 山, 백성의 山

황장산은 황장봉산의 줄임말이다.
산은 그대로인데 이름은 몇 개다.
"황장산과 작성산, 어느 것이 진짜야?"
"황장산은 임금의 산이고, 작성산은 백성의 산이다."

"엄마, 내일 비 온다는데?"
"왜 엄마한테 물어보냐? 괜히 아빠한테 혼나지 말고 일찍 자라."
늦잠과 인터넷 게임은 달다. 그러나 백두대간 산행은 쓰다.
백두대간은 고진감래(苦盡甘來)다.
밤새도록 장맛비가 내렸다.

새벽 4시.
기상 시간이다.
깨우지 않아도 일어나는 아들이다.

"아빠, 비 엄청 오는데?"

"걱정 마라. 산은 괜찮다."

아침은 카레라이스, 반찬은 풋고추와 된장이다.

밥맛이 없어도 밥투정은 금물이다.

한 끼 밥의 고마움을 아들은 안다.

집은 베이스캠프다. 베이스캠프는 안식처다.

우리는 안식처를 떠나 백두대간 차갓재로 향한다.

주모경을 바친다. 마태오는 주의 기도, 다니엘은 성모송이다.

새벽어둠 사이로 승용차 불빛이 등대 같다.

가는 비가 차창에 부딪혀 쉴 새 없이 흘러내린다.

새벽 6시.

단양휴게소다.

비가 쏟아진다. 억수 같은 장대비다. 승용차 지붕에서 콩 볶는 소리가 난다.

룸미러로 아들의 얼굴이 보인다. 걱정스런 표정이다.

'되돌아갈까? 말까?'

새벽 7시.

굽이굽이 고갯길을 넘어서 소백산 관광목장을 지나자 저수령이다.

비와 안개에 젖은 휴게소는 적막하다.

출입문은 쇠줄로 감겨져 있고 차 한 대 없다.

문경 동로 개인택시를 부른다.

"아니! 미리 전화하라고 했잖아요!"

전화 목소리가 퉁명스럽다.

'아니 세상에, 싫으면 말지 소리는 왜 질러?'

그러나 목마른 놈이 샘 판다고 아쉬운 사람은 우리다.

"아이고! 죄송합니다. 비 때문에 중간에 되돌아갈지도 몰라서 그만……."

"그라면 쪼매만 기다리이소. 요금은 3만 원입니데이."

저수령휴게소 처마 밑에 부자가 쪼그리고 앉아있다.

비는 그칠 줄 모르고 줄기차게 쏟아진다.

우리가 물이 되어 만난다면
가문 어느 집에선들 좋아하지 않으랴?
우리가 키 큰 나무와 함께 서서
우르르 우르르 비오는 소리로 흐른다면
흐르고 흘러서 저물녘엔
저 혼자 깊어지는 강물에 누워
죽은 나무뿌리를 적시기라도 한다면
아아! 아직 처녀인 부끄러운 바다에 닿는다면

(강은교 시인의 '우리가 물이 되어' 중에서)

"아빠, 왜 꼭 이런 날 잡아가지고 난리야"
"토, 일요일은 과외공부 한다고 빠지고, 방학은 4일뿐이고. 야! 우리 아예
3박 4일로 길게 뽑을까?"
아들의 눈이 동그래진다.
"아니 뭐라고! 무슨?"

새벽 7시 40분.
문경 동로택시가 저수령으로 미끄러져 들어온다.
차는 빗속을 달려 안생달마을에 우리를 내려놓고 빠아앙~ 클랙슨을 울리
며 사라져간다.
장대비가 뚝 그친다. 비갠 뒤 산마을은 안개 위에 떠있는 섬이다.
갑자기 불어난 계곡물 소리가 힘차다.
숲에 들자 매미들의 합창이 한창이다.
산딸기 한 줌을 따서 아들과 함께 나눠먹는다.

아침 9시.
들숨을 타고 숲속 물기가 몸 깊숙이 들어온다.
사람 몸은 물먹는 하마다.
하늘나리가 활짝 피었다.

꽃은 생의 절정이자 마침이다. 절정은 공허하며, 마침은 시작이다.

생은 채움과 비움의 반복이다.

바위 밑에서 개구리 한 마리가 얼굴을 쏙 내민다.

개구리눈에 가을이 담겨있다.

오전 9시 반.

천주봉과 안생달마을이 조화롭다.

천주봉은 안생달의 진산이다. 풍수에서 진산은 부모님 산이다.

천주봉(天柱峰)은 하늘 기둥이다.

"아빠, 이번에 어때?"

"바위가 좀 있는데 괜찮아."

아들과의 대화가 선문답 같다.

맨손으로 바위를 잡으니 미끄럽다.

배낭에서 장갑을 꺼낸다. 집사람이 사준 오백 원짜리 실장갑이다. 실장갑에 아내의 정성이 배어있다.

오전 10시.

숲은 온통 소리바다다.

나뭇가지에서 물 떨어지는 소리, 솔바람에 나뭇잎 흔들리는 소리, 매미소리, 쓰르라미소리, 계곡물소리……

갑자기 암벽이 나타난다.

묏등바위다.

20m 절벽에 두 가닥의 밧줄이 늘어져 있다.

물먹은 밧줄이 몹시 미끄럽다.

"야! 괜찮겠냐?"

"걱정 마."

"미끄럽다. 조심해라."

바위 타기는 한 번의 실수로 끝장이다.

전망바위에 전망은 없다.

실비와 안개 탓이다.

계곡물소리, 바람소리에 새소리가 묻어온다.

밧줄을 잡고 수백 미터 절벽 옆을 돌아가자 황장산(黃腸山, 1,077.3m)이다.

황장산은 월악산 국립공원 동남쪽에 있다.

조선시대에는 작성산(鵲城山)으로, 일제시대에는 황정산(皇庭山)으로 불렸다. 작성산은 까치성이고, 황정산은 천황의 정원이다.

황장재 동북쪽 문안골 석문에 작성산성과 관련된 암문이 남아있다.

조선 숙종 6년(1680년)에 대미산 일대를 봉산(封山)으로 지정하고 문경시 동로면 명전리 입구에 황장봉산 표석을 세웠다.

봉산은 대궐을 짓거나 배 만드는 데 쓸 나무를 구하기 위하여 조정에서 특별히 지정하여 보호하던 산이다.

그중에서도 황장산에서 나무는 황장목이라 하여 왕실의 관(棺)이나 궁궐 건축에 사용되었으며, 특히 대원군은 황장목을 베어 경복궁을 짓는 데 사용하였다.

황장산은 황장봉산의 줄임말이다. 산은 그대로인데 이름은 몇 개다.

"황장산과 작성산, 어느 것이 진짜야?"

"황장산은 임금의 산이고, 작성산은 백성의 산이다."

"임금과 백성은 다른가?"
"다르지만 같고, 같지만 다르다."

내가 그의 이름을 불러주기 전에는
그는 다만 하나의 몸짓에 지나지 않았다
내가 그의 이름을 불러 주었을 때
그는 나에게로 와서 꽃이 되었다
내가 그의 이름을 불러 준 것처럼
나의 이 빛깔과 향기에 알맞은
누가 나의 이름을 불러다오
그에게로 가서 나도 그의 꽃이 되고 싶다
우리들은 모두 무엇이 되고 싶다.

(故 김춘수 시인의 '꽃' 중에서)

표지석이 무덤 비석 같다.
사과 맛이 꿀맛이다.

10시 반.
나뭇가지를 잡을 때마다 물이 후드득 떨어진다.
　해가 나기 시작하자, 하루살이가 나타난다. 눈 주위를 맴돌며 얼굴에 달라
붙는다.
　칼바위 능선이 미끄럽다. 위험하지만 우회하지 않고 직진한다.
　"줄 탈래? 돌아갈래?"
　"당연히 줄 타야지."
　밧줄타기를 즐기는 아들이다.
　젊음은 직선이요, 늙음은 곡선이다.

뿌리 뽑힌 거목이 길게 누워있다.
거목은 죽어서도 길을 막는다.
누운 거목 주위로 작은 나무들이 자란다.
죽은 거목 밑을 통과한다.

오전 11시.
황장재다.
소낙비 오는 소리가 들린다. 나무에서 물 떨어지는 소리다.
문안골 반석지대가 산 밑이다. 철묵형과 알몸으로 풍덩하던 계곡이다. 그때 술 먹고 물을 건너다가 신발 한 짝이 떠내려갔다. 형은 물 따라 100m를 내려가 신발을 찾아주었다. 형 생각만 하면 눈물이 난다.
오늘 처음으로 사람을 만났다.
젊은이 세 사람이다.
엄청 시끄럽다. 말소리가 소음이다.

오전 11시 반.
잠자리비행이 눈에 띤다.
잠자리는 가을의 전령사다.
빙~ 빙~ 빙~ 빙~.
가을이 오고 있다.

땅에서 습기가 훅훅 올라온다.
여름 숲은 거대한 분수다.
여름 숲은 초록 불꽃이다.
숲속에서 물과 불은 상생한다.

아들은 말이 없다.
산도 말이 없다.
말이 없으니 고요하다.
조용히 연양갱을 꺼낸다. 아들은 고개를 흔든다.
산안개가 전망을 가린다. 마음의 안개는 편견이
다. 편견이 진면목을 가린다.

낮 12시.
'대간→ 대간→'
길이 아니면 가지를 말라.
나무로 길을 막고 길을 알린다. 길에 대한 배려다. 배려는 마음 씀씀이다.

낮 12시 반.
안개가 벗겨진다. 천주산이 한눈에 들어온다. 맑고 깨끗한 산이다. 하늘을
향해 기도하는 겸손한 산이다.

폐백이재다.
젊은이 세 사람을 또 만난다. 사진을 찍어달란다. 참 질긴 인연이다.

낮 12시 40분.
928m봉이다.
전망이 확 터진다.
점심시간이다.
밥 냄새를 맡고 하루살이가 달려든다. 청량고추 냄새 때문인지 주변만 맴
돈다. 고추의 힘은 강하다.

오후 1시 반.
해가 나면서 매미소리가 요란하다.
부부 대간종주 리본이 바람에 흔들린다. 커가는 아들 재민이와 한솔이를

위해서다. 부모의 자식사랑은 가없이 넓고 깊다.

오후 2시.
벌재(伐嶺, 640m)다.

벌재는 충북 단양군 대강면과 경북 문경시 동로면을 잇는 고갯길이다.
벌재는 죽령보다 길이 평탄해 신라의 백제 진출로로 많이 이용되었다.
삼국시대 문경은 신라, 단양은 백제 땅이었다.
벌재 59번 국도를 따라 단양 쪽으로 내려가면 단성면 벌천리가 나오는데 벌천리 앞 하천 이름이 벌내다. 벌재 이름도 벌내에서 유래되었다고 전한다.

물소리가 크게 들린다.
"아빠, 저 물 먹어도 돼?"
"그래, 먹어도 된다."
무엇이나 물어보는 아들이다.
계곡물에 손을 담그자 손이 시리다. 얼음장 같은 물이다. 세수하고 발을 씻으니 신선이다.

길옆에 국립공원 관리공단 차량이 멈춰 선다.
차에서 제복 입은 두 사람이 내린다. 차츰 차츰 가까이 다가온다.
"벌재 구간은 백두대간 보존지역이라 산행하시면 안 됩니다."
"비온 다음이라 괜찮지 않습니까?"

"연중 단속하고 있습니다."

"저수재 쪽은 괜찮습니까?"

"괜찮습니다."

단속하는 자는 제복을 입는다. 제복은 권력의 상징이다.

"아빠, 저 사람들 공무원이야?"

"공무원은 아니지만 사법권이 있어."

"사법권이 뭐야?"

"검찰의 지휘를 받아 단속할 수 있는 권한이지."

"야아! 그러면 힘이 세네."

"부럽냐?"

"아니."

도로를 벗어나자 정자각 쉼터가 나타난다.

"황장목으로 만든 쉼터다."

"아빠, 야영하기에 딱이다."

823봉 오르는 길은 가파르다.

가파른 것이 어디 산길뿐이랴?

낙엽 쌓인 산길이 폭신폭신하다. 물먹은 낙엽과 발바닥의 소통이다. 낙엽은 이불이요, 침대다.

오후 3시.

얼굴에서 줄 땀이 뚝뚝 떨어진다.

길은 땀으로 만들지만 스스로 없어진다.

진땀은 냄새가 없다.

문복대 가는 길은 멀고 길다. 완만하지만 고통스럽다.

허벅지를 타고 줄 땀이 흐른다.

대간은 '십자가의 길'이자 '고통의 길'이다.

아들은 수건을 입에 물고 묵묵히 걷는다. 보폭은 다르지만 아비와 한걸음이다.

고통을 견뎌내는 것은 각자의 몫이다.

오후 3시 20분.
1,020m봉이다.
"다 왔다. 조금만 더 힘을 내라."
"야아! 엄청 힘드네. 만만히 봤다가 혼났네."
"만만한 산은 없다."
"아빠, 사람도 그렇지?"
자식은 부모의 거울이다.
땀 흘린 뒤 휴식은 달콤하다.
바람이 불어온다.
지나온 대간길이 낙타 등 같다.
물 한 모금에 통증이 되살아난다. 통증은 세포들의 외침이다.
오른쪽 무릎이 아프다.
왼쪽 뒤꿈치도 아프다.

가장 아프고 가장 못난 곳에
생의 가장 뜨거운 부분이 걸려 있다니?
가슴에 박힌 대못은 상처인가 훈장인가?
언제나 벗어던지고 달아나고 싶은 통증과
치욕 하나쯤 없는 이 어디 있으며
가슴속 잉걸불에 묻어둔 뜨거운 열망
하나쯤 없는 이 어디 있을 것인가?
그러니 세상 사람들이여!
내 근심 키우는 것이 진주였구나
네 통증이 피우는 것이 꽃잎이었구나.
                    (반칠환 시인의 '물결' 중에서)

오후 3시 40분.
또 다시 산안개가 밀려온다.
몸이 안개에 젖는다.

얼굴에서 땀이 뚝뚝 떨어진다. 몸은 땀과 빗물 범벅이다.

대간 길은 땀길이다.

길은 몸이 간만큼만 길이다.

오후 4시.

문복대(1,074m)다.

문경 산들모임산악회에서 세운 표지석이 복슬강아지 같다.

산안개에 가려 전망은 없다.

보이지는 않아도 마음으로 안다.

문복대는 경북 문경과 예천, 충북 단양의 경계다.

백두대간이 죽령, 도솔봉, 향적봉, 저수령을 지나 문경으로 들어오면서 처음으로 큰 산을 이뤘는데, 이 산이 바로 문복대다.

북으로는 수리봉과 신선봉, 도락산을 두고 있으며, 산 밑으로는 배나무골, 호박골, 세작골, 성골이 있다.

이 골짜기가 문경시 동로면 석항리를 이루고 있다.

석항리는 들목이라고 하는데 아름다운 우리말이다.

석항리 사람들은 문복대를 운봉산, 운봉재라고 부른다.

오후 4시 반.

하늘도 숲도 컴컴해진다.

빗살이 돋는다.

"지수야, 이제 조금만 버티면 된다."

"아빠, 걱정 마. 나는 괜찮아. 지금까지도 버텼는데 뭐."

마음이 짠해진다.

그러나 아들아!

버티지 못하면 어찌하겠느냐?

버티면 버티어지는 것이고, 버티지 않으면 버티어지지 못하는 것 아니냐?

죽음을 받아들이는 힘으로 삶을 열어 나가는 것이다.

새로운 시간과 더불어 새로워지지 못한다면 이 성안에서 세상은 끝날 것이고, 끝나는 날까지 고통을 다 바쳐야 할 것이지만, 아침은 오고 봄은 기어이 오는 것이어서 성 밖에서 성안으로 들어왔듯이, 성안에서 성 밖 세상으로 나아가는 길이 어찌 없다 하겠느냐?

(소설가 김훈의 《남한산성》 중에서)

문봉재와 옥녀봉을 지난다. 옥녀는 없고 봉만 있다.

땀이 흐른다.

땀은 어디에서 와서 어디로 가는 것인가.

땀 속에 잡념이 묻어있다.

몸이 붕붕 뜬다. 뼈와 가죽만 남은 느낌이다.

오후 4시 40분.

장구재(구 저수재)다.

"멀리서 찻소리가 들린다."

"아빠, 이제 다 온 것 같은데?"

"그래, 다 왔다. 저수재까지 조용히 가자."

아빠와 아들의 대침묵 시간이다.

몸을 달래고 마음을 푸는 시간이다.

천주께 감사하는 마무리시간이다.

오후 5시.
저수령휴게소가 보인다.
저수령 표지석 뒤에 유래가 적혀있다.

이곳은 경상북도 예천군 상리면 용두리와 충북 단양군 대강면 올신리를 경계로 한 도계 지점으로 경북과 충북을 넘나드는 이 고개 이름은 예부터 저수령(850m)이라고 불러왔다.
저수령이라는 이름은 지금의 도로를 개설하기 이전에 험난한 산속의 오솔길로 경사가 급하여 지나다니는 길손들의 머리가 저절로 숙여진다는 뜻이며, 또한 이곳에서 은풍곡까지는 피난길로 많이 이용되었는데 이 고개를 넘는 외적들은 모두 목이 잘려 죽는다고 하여 붙여진 이름이다.
현재 도로는 지방도 927호로서 1994년도에 개설 완료되었다.

"아빠, 우리 성공이다."
아들과의 뜨거운 포옹이다.
아들의 등을 두드려 주며,
"지수야, 수고했다."
"아빠도."
눈물이 난다.
'아! 왜 이리 눈물이 나는 걸까.'
"아빠, 그런데 엄청 허무하다."
"모든 것의 끝은 허무하다. 허무의 끝에 시작이 있다."

새로운 시작을 위하여 집으로 향한다.
하느님께 기도를 바친다. 감사기도와 출발 전 기도다.
기도는 힘의 원천이자 겸손의 표시다.
처음과 같이 이제와 항상 영원히. 아멘!

〈2권으로 계속〉